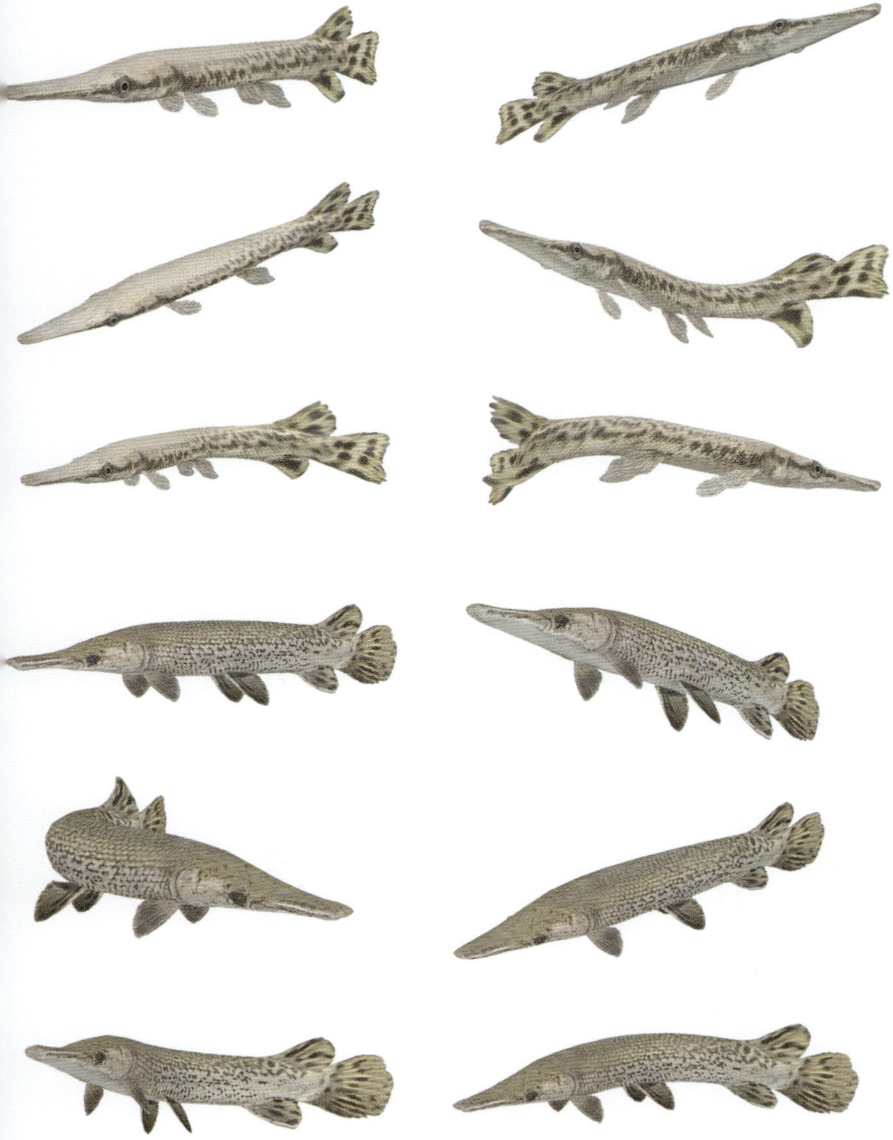

水生生物3D图鉴系列丛书

水生生物3D图鉴（第二辑）

顾党恩　沈禹羲 ◎ 主编

SHUISHENG SHENGWU 3D TUJIAN
(DI-ER JI)

中国农业出版社
农村设备出版社
北　京

本书编委会

前言
Preface

“生物多样性 你我共参与”是2024年国际生物多样性日的主题。生物多样性是人类赖以生存和发展的重要基础，是经济社会可持续发展的物质条件。人类的生产生活与生物多样性密切相关，我们每天的衣食住行都离不开生物多样性。水生生态系统是地球上最重要的生态系统之一，我国水生生物多样性极为丰富。然而，由于栖息地破坏、过度捕捞、环境污染、外来物种入侵等因素的影响，水生生物多样性正面临着严重的威胁，许多土著物种资源量不断减少甚至灭绝，外来物种不断涌现并快速扩散。

近年来，社会公众保护意识不断增强，对生物多样性保护的关注持续增加，越来越多地参与到野生动植物保护中。但水生生物具有种类多、识别难等问题，广大群众在日常生活中常常难以区分眼前的水生生物是保护物种还是外来物种，抑或是养殖种。

2023年中国水产科学研究院珠江水产研究所等单位联合编写并出版了《水生生物3D图鉴（第一辑）》一书，构建了常见的养殖对象（大宗淡水鱼和特色养殖种）、外来鱼类（外来养殖种和外来观赏种）、珍稀和濒危鱼类、小型原生鱼类等的3D图谱，并在此基础上，制作了部分物种的3D视频和3D打印作品，提供了一种全新的水生生物识别工具，有助于大众对水生生物的识别。

技术总是在不断进步，在后续的工作中，中国水产科学研究院珠江水产研究所和南京市水产研究所、农业农村部农业生态与资源保护总站、全国水产技术推广总站等单位开展合作，在第一辑的基础上，针对其他常见的水生生物研发了一些新的技术，构建了一批新的水生生物3D图像。主要工艺包括：①采用建模软件Autodesk Maya进行低面数模型的制作和UV拆分；②将制作好的低模导入ZBrush 进行平滑加面处理，得到高面数模型并雕刻细节；③回到

Autodesk Maya 将高低模型匹配好，烘焙导出法线贴图、AO贴图等相关材料；④在 Photoshop 中拼接前期筛选好的贴图材料，随后对拼接的图像进行锐化、调色、上色、缝补等相关处理，从而得到一张有效的color贴图；⑤将各种贴图链接到低模上进入渲染阶段，相比于第一辑，第二辑采用了手工与 3D Studio Max 中的 Vary 相结合的渲染模式进行操作。

《水生生物3D图鉴（第二辑）》在第一辑八章的基础上，增加了淡水水生哺乳动物，共包含137组照片。需求的不断提升也意味着技术永远需要进一步完善，因此，本书也不可避免地存在着或多或少的问题，敬请读者提出宝贵意见。

本书的出版得到了国家大宗淡水鱼产业技术体系（CARS-45）、国家自然科学基金委员会（32371746）、中国水产科学研究院基本科研业务费（2023TD17）、广州市科技计划项目（2023B03J1306）等的支持，在此一并表示感谢！也对中国农业出版社蔺雅婷编辑、王金环副编审在出版过程中的帮助表示感谢！

编　者

2024年5月

目录 Contents

八、河口及海洋鱼类

九、淡水水生哺乳动物

01

一　大宗淡水鱼及其近似种、选育种

鲫
（野生）

学名 *Carassius auratus*

分类地位 鲤形目，鲤科，鲫属

所属类别 大宗淡水鱼及其近似种、选育种

分布 原产于中国青藏高原以外的各大流域

鲫

（千岛湖）

学名 *Carassius auratus*

分类地位 鲤形目，鲤科，鲫属

所属类别 大宗淡水鱼及其近似种、选育种

分布 中国浙江千岛湖

白鲫

（高身鲫）

学名 *Carassius cuvieri*

分类地位 鲤形目，鲤科，鲫属

所属类别 大宗淡水鱼及其近似种、选育种

分布 中国台湾；国外见于日本

龙池鲫

学名 *Carassius auratus*

分类地位 鲤形目，鲤科，鲫属

所属类别 大宗淡水鱼及其近似种、选育种（二倍体鲫）

分布 中国江苏龙池湖及周边水域

兴国红鲤

学名 *Cyprinus carpio* var. *singuonensis*

分类地位 鲤形目，鲤科，鲤属

所属类别 大宗淡水鱼及其近似种、选育种

分布 中国江西兴国县

02

二　常见本土特色养殖鱼类

黄鳝

学名 *Monopterus albus*

分类地位 合鳃鱼目，合鳃鱼科，黄鳝属

所属类别 常见本土特色养殖鱼类

分布 亚洲东部及南部各大流域

泥鳅

（雄性）

学名 *Misgurnus anguillicaudatus*

分类地位 鲤形目，鳅科，泥鳅属

所属类别 常见本土特色养殖鱼类

分布 亚洲东部各大流域

泥鳅

（雌性）

学名 *Misgurnus anguillicaudatus*

分类地位 鲤形目，鳅科，泥鳅属

所属类别 常见本土特色养殖鱼类

分布 亚洲东部各大流域

台湾泥鳅

（雄性）

学名 *Paramisgurnus dabryanus*

分类地位 鲤形目，鳅科，副泥鳅属

所属类别 常见本土特色养殖鱼类（选育种）

台湾泥鳅

（雌性）

学名 *Paramisgurnus dabryanus*

分类地位 鲤形目，鳅科，副泥鳅属

所属类别 常见本土特色养殖鱼类（选育种）

大鳞副泥鳅

（雄性）

学名 *Paramisgurnus dabryanus*

分类地位 鲤形目，鳅科，副泥鳅属

所属类别 常见本土特色养殖鱼类

分布 原产于中国东部各大流域

大鳞副泥鳅

（雌性）

学名 *Paramisgurnus dabryanus*

分类地位 鲤形目，鳅科，副泥鳅属

所属类别 常见本土特色养殖鱼类

分布 原产于中国东部各大流域

刺鲃

学名 *Spinibarbus caldwelli*

分类地位 鲤形目，鲤科，刺鲃属

所属类别 常见本土特色养殖鱼类

分布 原产于中国长江及其以南的各大水系

杂交鳜

学名 *Siniperca chuatsi*（翘嘴鳜）♀ × *Siniperca scherzeri*（斑鳜）♂

分类地位 日鲈目，鳜科，鳜属

所属类别 常见本土特色养殖鱼类

分布 中国广东、湖北、江苏等地区

杂交黄颡鱼“黄优1号”

学名 *Tachysurus sinensis*（黄颡鱼）♀ × *Tachysurus vachelli*（瓦氏黄颡鱼）♂

分类地位 鲇形目，鲿科，拟鲿属

所属类别 常见本土特色养殖鱼类（选育种）

分布 常见于中国江苏、湖北等地区

03

三　外来养殖鱼类

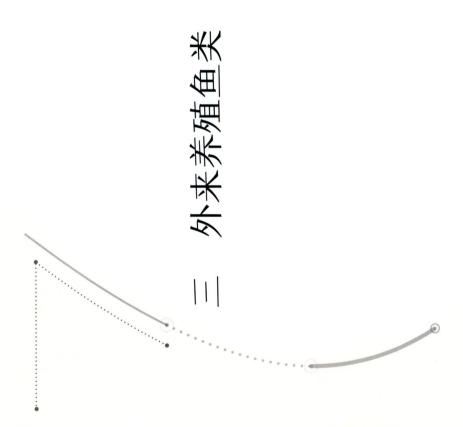

美洲西鲱

学名 *Alosa sapidissima*

分类地位 鲱形目，西鲱科，西鲱属

所属类别 外来养殖鱼类

分布 原产于北美洲大西洋西岸的河流和海洋

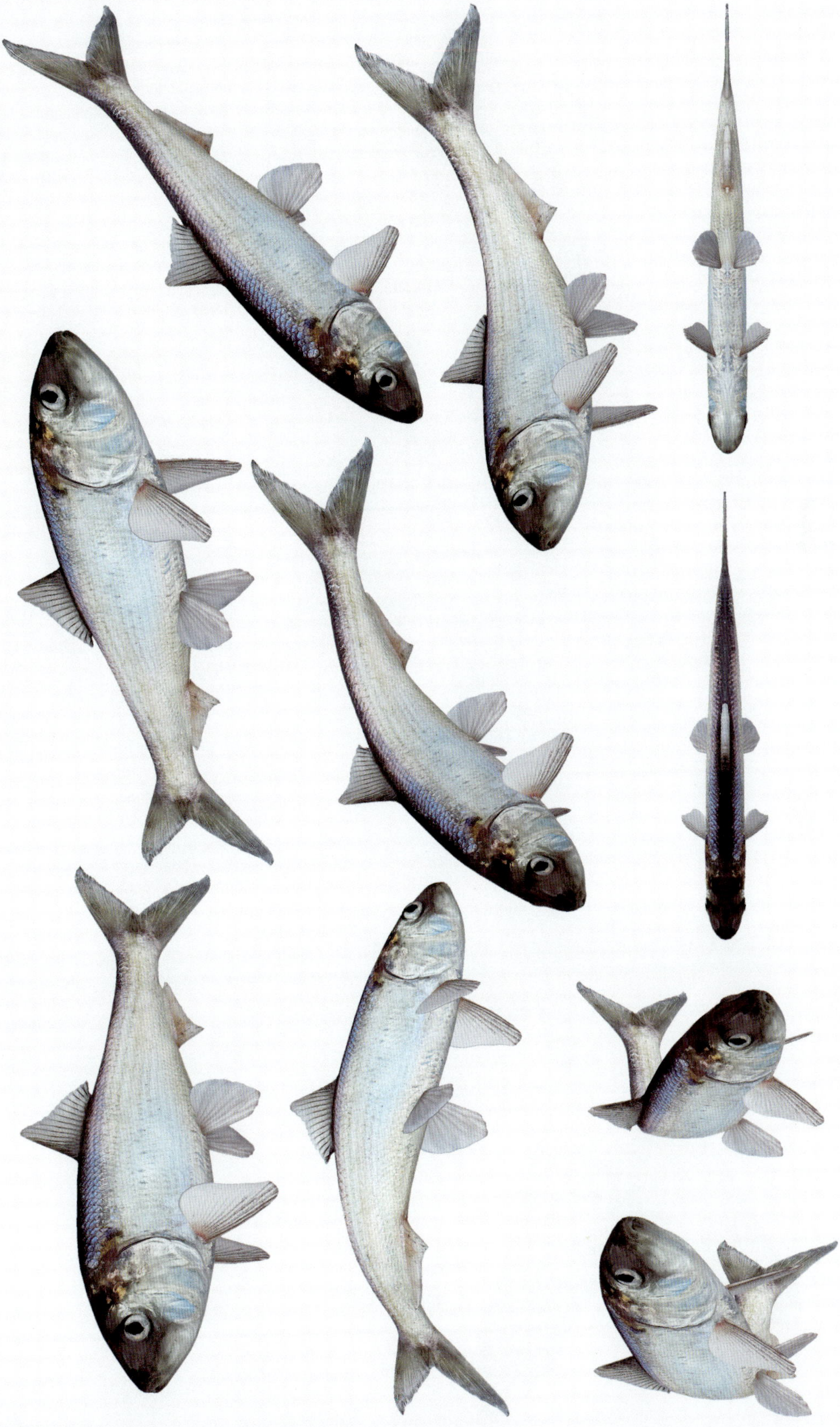

斑点叉尾鮰

（幼鱼）

学名 *Ictalurus punctatus*

分类地位 鲇形目，真鮰科，真鮰属

所属类别 外来养殖鱼类

分布 原产于北美洲加拿大南部至墨西哥北部，常见于中国湖北、四川、湖南、江西、安徽、江苏、河南和广东等地区

短头梭鲃

学名 *Luciobarbus brachycephalus*

分类地位 鲤形目，鲤科，梭鲃属

所属类别 外来养殖鱼类

分布 原产于西亚的里海和咸海

蓝鳃太阳鱼

学名 *Lepomis macrochirus*

分类地位 日鲈目，日鲈科，太阳鱼属

所属类别 外来养殖鱼类

分布 原产于北美洲

杂交太阳鱼

学名 *Lepomis macrochirus*（蓝鳃太阳鱼）♀ × *Lepomis cyanellus*（绿太阳鱼）♂

分类地位 日鲈目，日鲈科，太阳鱼属

所属类别 外来养殖鱼类

分布 常见于中国广东、湖北等地区

04

四 外来观赏鱼类

鳄雀鳝

（成鱼）

学名 *Atractosteus spatula*

分类地位 雀鳝目，雀鳝科，大雀鳝属

所属类别 外来观赏鱼类

分布 原产于北美洲墨西哥至美国的墨西哥湾沿岸

鳄雀鳝
（幼鱼）

学名 *Atractosteus spatula*

分类地位 雀鳝目，雀鳝科，大雀鳝属

所属类别 外来观赏鱼类

分布 原产于北美洲墨西哥至美国的墨西哥湾沿岸

毛足鲈

学名 *Trichogaster fasciata*

分类地位 攀鲈目，丝足鲈科，毛足鲈属

所属类别 外来观赏鱼类

分布 原产于南亚印度东北部，作为观赏鱼引进

图丽鱼

（红色）

学名 *Astronotus ocellatus*

分类地位 丽鱼目，丽鱼科，图丽鱼属

所属类别 外来观赏鱼类

分布 原产于南美洲北部亚马孙河流域

图丽鱼
（黑色）

学名 *Astronotus ocellatus*

分类地位 丽鱼目，丽鱼科，图丽鱼属

所属类别 外来观赏鱼类

分布 原产于南美洲北部亚马孙河流域

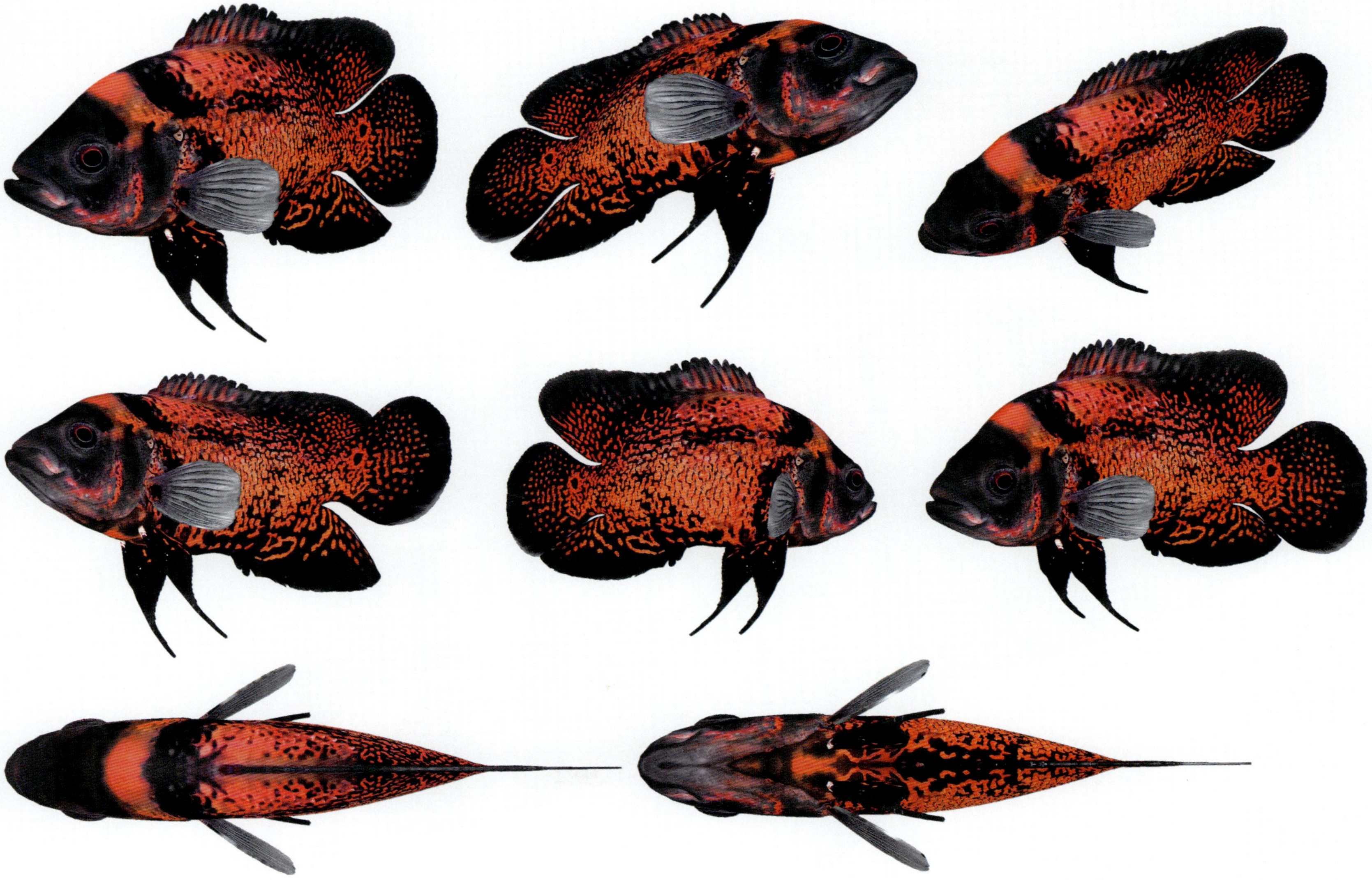

绿宝丽鱼

学名 *Andinoacara rivulatus*

分类地位 丽鱼目，丽鱼科，安迪丽鱼属

所属类别 外来观赏鱼类

分布 原产于南美洲厄瓜多尔至秘鲁

埃及神仙鱼

学名 *Pterophyllum altum*

分类地位 丽鱼目，丽鱼科，神仙鱼属

所属类别 外来观赏鱼类

分布 原产于南美洲奥里诺科河的中游及其支流

斯卡神仙鱼

学名 *Pterophyllum scalare*

分类地位 丽鱼目，丽鱼科，神仙鱼属

所属类别 外来观赏鱼类

分布 南美洲秘鲁境内亚马孙河支流

英丽鱼

学名 *Heros severus*

分类地位 丽鱼目，丽鱼科，英丽鱼属

所属类别 外来观赏鱼类

分布 原产于南美洲奥里诺科河流域和巴西亚马孙河流域

似双刺三角丽鱼

（黑云鱼）

学名 *Uaru amphiacanthoides*

分类地位 丽鱼目，丽鱼科，三角丽鱼属

所属类别 外来观赏鱼类

分布 原产于南美洲北部亚马孙河流域的圭亚那

盘丽鱼

（七彩神仙鱼，1）

学名 *Symphysodon discus*

分类地位 丽鱼目，丽鱼科，盘丽鱼属

所属类别 外来观赏鱼类

分布 南美洲亚马孙河流域

盘丽鱼

（七彩神仙鱼，2）

学名 *Symphysodon discus*

分类地位 丽鱼目，丽鱼科，盘丽鱼属

所属类别 外来观赏鱼类

分布 南美洲亚马孙河流域

盘丽鱼

（七彩神仙鱼，3）

学名 *Symphysodon discus*

分类地位 丽鱼目，丽鱼科，盘丽鱼属

所属类别 外来观赏鱼类

分布 南美洲亚马孙河流域

盘丽鱼

（七彩神仙鱼，4）

学名 *Symphysodon discus*

分类地位 丽鱼目，丽鱼科，盘丽鱼属

所属类别 外来观赏鱼类

分布 南美洲亚马孙河流域

盘丽鱼

（七彩神仙鱼，5）

学名 *Symphysodon discus*

分类地位 丽鱼目，丽鱼科，盘丽鱼属

所属类别 外来观赏鱼类

分布 南美洲亚马孙河流域

盘丽鱼

（七彩神仙鱼，6）

学名 *Symphysodon discus*

分类地位 丽鱼目，丽鱼科，盘丽鱼属

所属类别 外来观赏鱼类

分布 南美洲亚马孙河流域

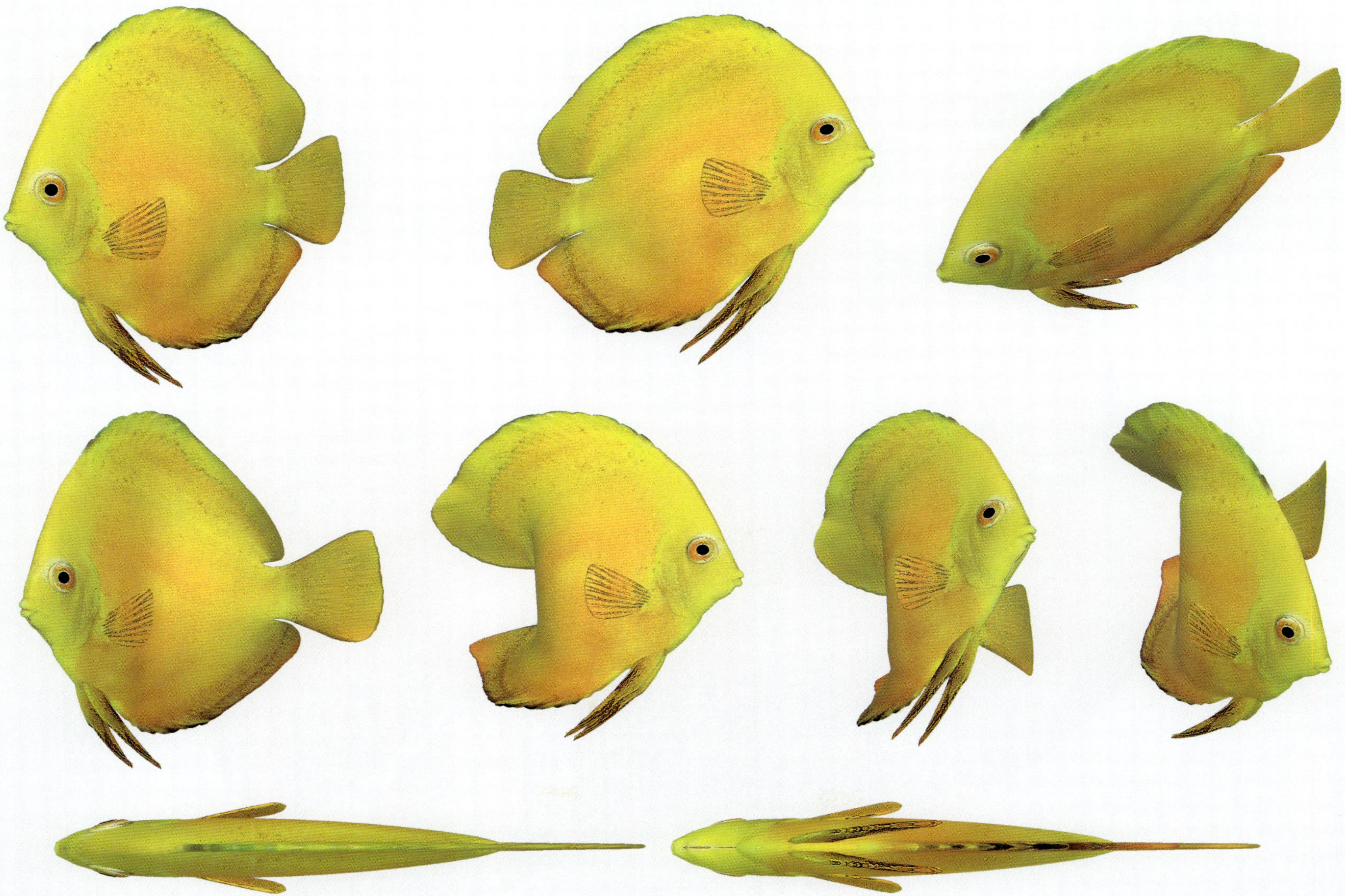

财神鹦鹉

学名 *Amphilophus citrinellus*（红魔鬼）× *Cichlasoma synspilum*（紫红火口）

分类地位 鲈形目，慈鲷科，双冠丽鱼属

所属类别 外来观赏鱼类

玫瑰无须鲃

学名 *Pethia conchonius*

分类地位 鲤形目，鲤科，佩西鲃属

所属类别 外来观赏鱼类

分布 原产于西亚阿富汗和南亚巴基斯坦、印度 、尼泊尔、孟加拉国

库氏唐鱼

学名 *Tanichthys kuehnei*

分类地位 鲤形目，鲤科，唐鱼属

所属类别 外来观赏鱼类

分布 原产于东南亚越南

彩裙鱼

学名 *Gymnocorymbus ternetzi*

分类地位 脂鲤目，脂鲤科，裸顶脂鲤属

所属类别 外来观赏鱼类

分布 南美洲亚马孙河流域

条纹鸭嘴鲇

学名 *Pseudoplatystoma fasciatum*

分类地位 鲇形目，油鲇科，鸭嘴鲇属

所属类别 外来观赏鱼类

分布 原产于南美洲亚马孙河流域

红尾护头鲿

学名 *Phractocephalus hemioliopterus*

分类地位 鲇形目，油鲇科，护头鲿属

所属类别 外来观赏鱼类

分布 原产于南美洲奥里诺科河流域和亚马孙河流域

短体下眼鲿

学名 *Horabagrus brachysoma*

分类地位 鲇形目，下眼鲿科，下眼鲿属

所属类别 外来观赏鱼类

分布 原产于印度喀拉拉邦佩里亚河

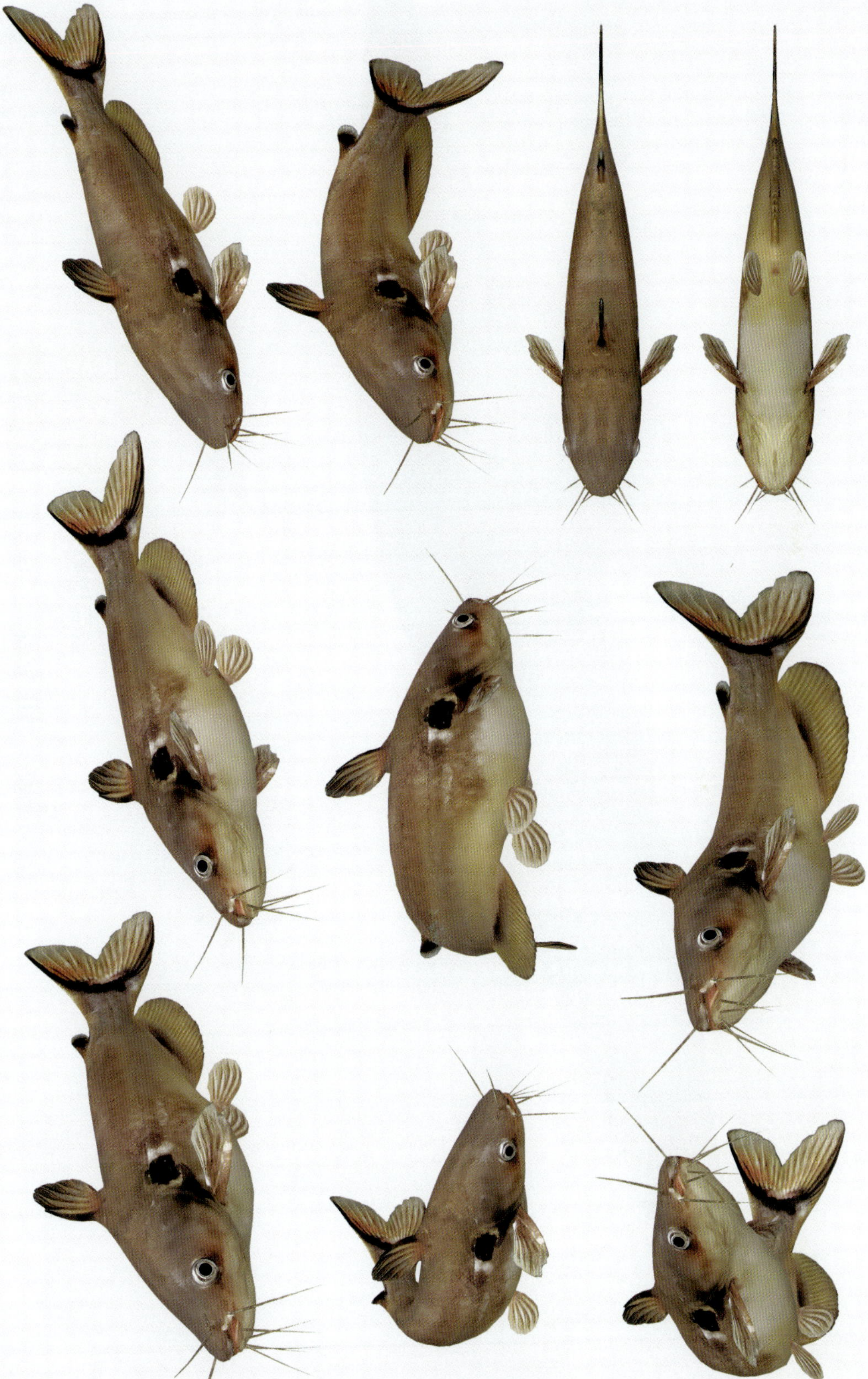

裸臀鱼

学名 *Gymnarchus niloticus*

分类地位 骨舌鱼目，裸臀鱼科，裸臀鱼属

所属类别 外来观赏鱼类

分布 非洲东北部尼罗河流域

05

五　珍稀和濒危鱼类

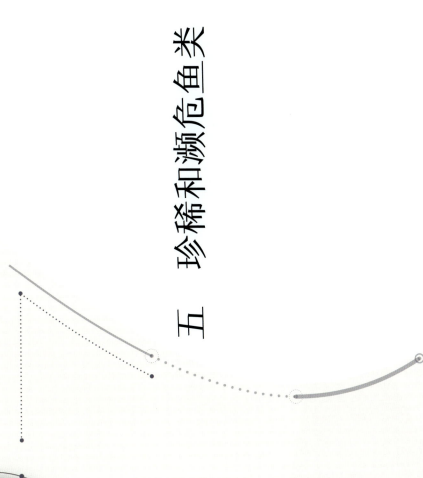

异龙鲤

学名 *Cyprinus yilongensis*

分类地位 鲤形目，鲤科，鲤属

所属类别 珍稀和濒危鱼类

分布 云南异龙湖

云南鲤

学名 *Cyprinus yunnanensis*

分类地位 鲤形目，鲤科，鲤属

所属类别 珍稀和濒危鱼类

分布 云南杞麓湖

翘嘴鲤

学名 *Cyprinus ilishaestomus*

分类地位 鲤形目，鲤科，鲤属

所属类别 珍稀和濒危鱼类

分布 云南杞麓湖

大眼鲤

学名 *Cyprinus megalophthalmus*

分类地位 鲤形目，鲤科，鲤属

所属类别 珍稀和濒危鱼类

分布 云南洱海

洱海鲤

学名 *Cyprinus barbatus*

分类地位 鲤形目，鲤科，鲤属

所属类别 珍稀和濒危鱼类

分布 云南洱海

尖裸鲤

学名 *Oxygymnocypris stewartii*

分类地位 鲤形目，鲤科，尖裸鲤属

所属类别 珍稀和濒危鱼类

分布 西藏雅鲁藏布江中游

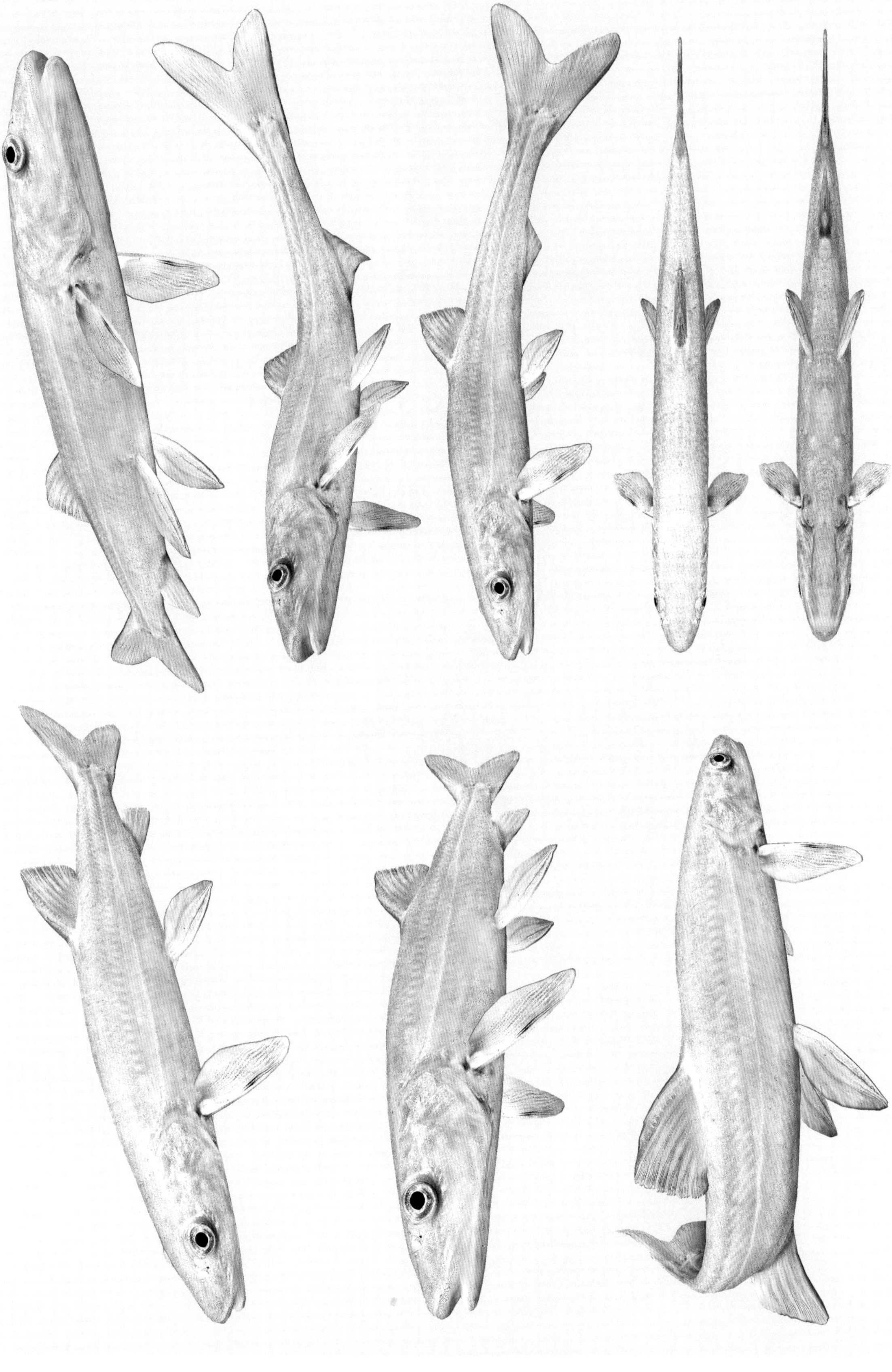

勃氏雅罗鱼

学名 *Pseudaspius brandtii*

分类地位 鲤形目，鲤科，拟赤梢鱼属

所属类别 珍稀和濒危鱼类

分布 中国图们江及绥芬河下游；国外分布于日本

大鳞鲢

学名 *Hypophthalmichthys harmandi*

分类地位 鲤形目，鲴科，鲢属

所属类别 珍稀和濒危鱼类

分布 中国广东、海南南渡江；国外见于越南红河水系

长体鲂

学名 *Megalobrama elongata*

分类地位 鲤形目，鲴科，鲂属

所属类别 珍稀和濒危鱼类

分布 中国长江上游干流

圆口铜鱼

学名 *Coreius guichenoti*

分类地位 鲤形目，鮈科，铜鱼属

所属类别 珍稀和濒危鱼类

分布 中国长江上游干支流、金沙江下游

06

六 重要捕捞经济鱼类

蛇鮈

学名 *Saurogobio dabryi*

分类地位 鲤形目，鮈科，蛇鮈属

所属类别 重要捕捞经济鱼类

分布 东亚各大流域

吻鮈

学名 *Rhinogobio typus*

分类地位 鲤形目，鮈科，吻鮈属

所属类别 重要捕捞经济鱼类

分布 中国长江中上游、黄河、闽江

似鮈

学名 *Pseudogobio vaillanti*

分类地位 鲤形目，鮈科，似鮈属

所属类别 重要捕捞经济鱼类

分布 中国长江、黄河、淮河、闽江、钱塘江等水系

花棘鳕

学名 *Hemibarbus umbrifer*

分类地位 鲤形目，鮈科，鳕属

所属类别 重要捕捞经济鱼类

分布 中国珠江流域

铜鱼

学名 *Coreius heterodon*

分类地位 鲤形目，鮈科，铜鱼属

所属类别 重要捕捞经济鱼类

分布 中国黄河和长江流域

粗须白甲鱼

学名 *Onychostoma barbatum*

分类地位 鲤形目，鲤科，白甲鱼属

所属类别 重要捕捞经济鱼类

分布 中国珠江支流柳江、漓江、右江等水系

细尾白甲鱼

学名 *Onychostoma lepturus*

分类地位 鲤形目，鲤科，白甲鱼属

所属类别 重要捕捞经济鱼类

分布 中国广西、广东、海南、福建等省份

带刺光唇鱼

（棘光唇鱼）

学名 *Acrossocheilus spinifer*

分类地位 鲤形目，鲤科，光唇鱼属

所属类别 重要捕捞经济鱼类

分布 中国福建木兰溪、晋江、九龙江、汀江，广东韩江水系，浙江钱塘江水系

侧条光唇鱼

学名 *Acrossocheilus parallens*

分类地位 鲤形目，鲤科，光唇鱼属

所属类别 重要捕捞经济鱼类

分布 中国珠江流域，以及浙江、福建、江西等省份

长鳍光唇鱼

学名 *Acrossocheilus longipinnis*

分类地位 鲤形目，鲤科，光唇鱼属

所属类别 重要捕捞经济鱼类

分布 中国珠江水系

纹唇鱼

学名 *Osteochilus salsburyi*

分类地位 鲤形目，鲤科，纹唇鱼属

所属类别 重要捕捞经济鱼类

分布 中国珠江、闽江、九龙江、元江等水系及海南岛

中华倒刺鲃

学名 *Spinibarbus sinensis*

分类地位 鲤形目，鲤科，倒刺鲃属

所属类别 重要捕捞经济鱼类

分布 中国长江上游及其支流

倒刺鲃

学名 *Spinibarbus denticulatus*

分类地位 鲤形目，鲤科，倒刺鲃属

所属类别 重要捕捞经济鱼类

分布 中国元江、珠江水系及海南岛

花斑裸鲤

学名 *Gymnocypris eckloni*

分类地位 鲤形目，鲤科，裸鲤属

所属类别 重要捕捞经济鱼类

分布 中国黄河上游和柴达木盆地的奈齐河水系，四川、甘肃以及青海省内与黄河邻近水系

拉萨裸裂尻鱼

学名 *Schizopygopsis younghusbandi*

分类地位 鲤形目，鲤科，裸裂尻鱼属

所属类别 重要捕捞经济鱼类

分布 雅鲁藏布江

瓦氏雅罗鱼

学名 *Leuciscus waleckii*

分类地位 鲤形目，雅罗鱼科，雅罗鱼属

所属类别 重要捕捞经济鱼类

分布 中国黄河流域及其以北的各大水系直至黑龙江；国外见于欧洲、西伯利亚、高加索地区

尖头大吻鱥

学名 *Rhynchocypris oxycephalus*

分类地位 鲤形目，雅罗鱼科，大吻鱥属

所属类别 重要捕捞经济鱼类

分布 东亚高海拔山涧溪流

南方波鱼

学名 *Rasbora steineri*

分类地位 鲤形目，鲌科，波鱼属

所属类别 重要捕捞经济鱼类

分布 中国广东、广西、海南；国外见于老挝和越南

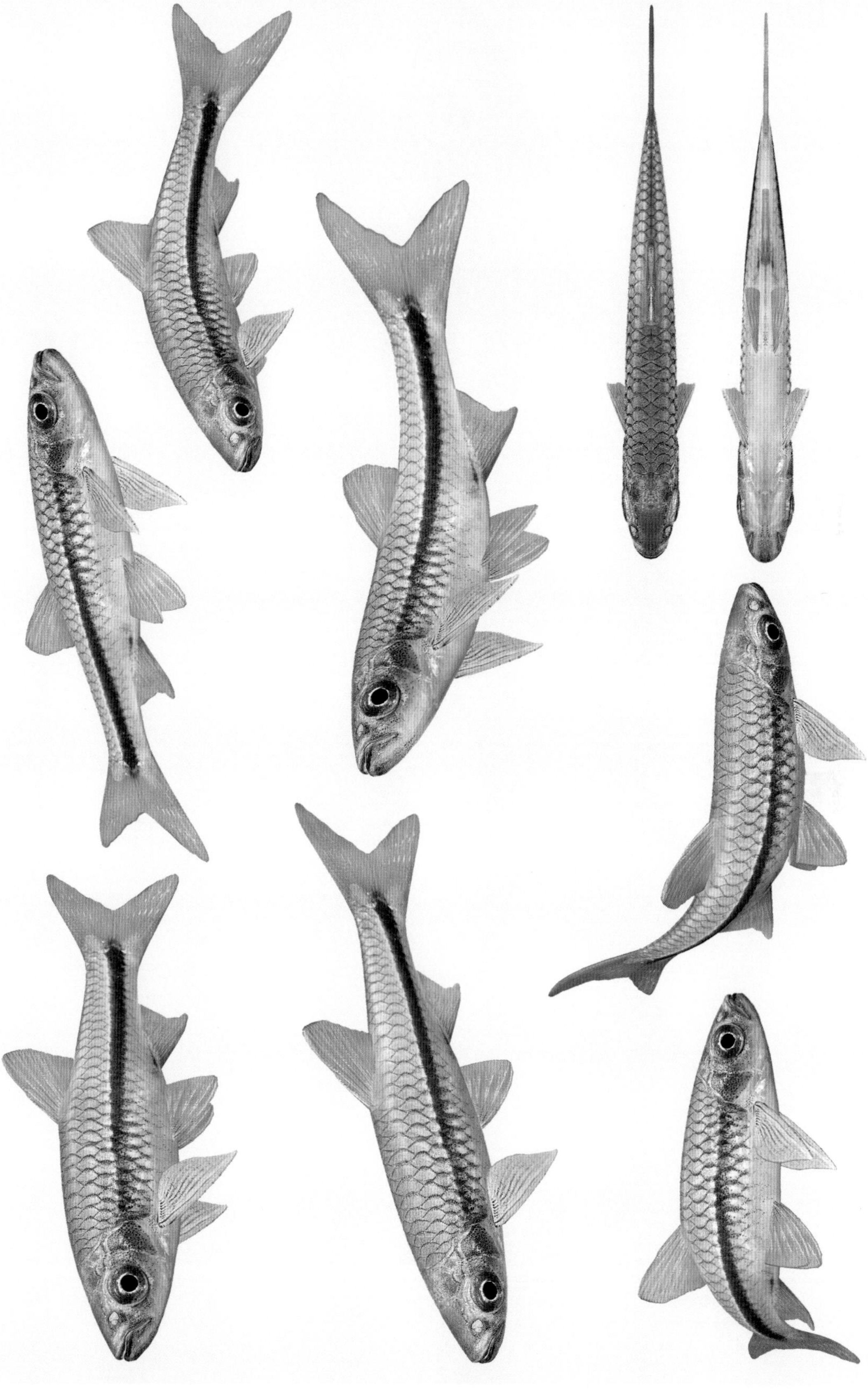

圆吻鲴

学名 *Distoechodon tumirostris*

分类地位 鲤形目，鲴科，鲴属

所属类别 重要捕捞经济鱼类

分布 中国闽江、钱塘江、长江等水系及台湾

细鳞斜颌鲴

学名 *Plagiognathops microlepis*

分类地位 鲤形目，鲴科，斜颌鲴属

所属类别 重要捕捞经济鱼类

分布 中国黑龙江、黄河、长江、珠江流域

海南似鲚

学名 *Toxabramis houdemeri*

分类地位 鲤形目，鲴科，似鲚属

所属类别 重要捕捞经济鱼类

分布 中国海南及珠江、元江等水系

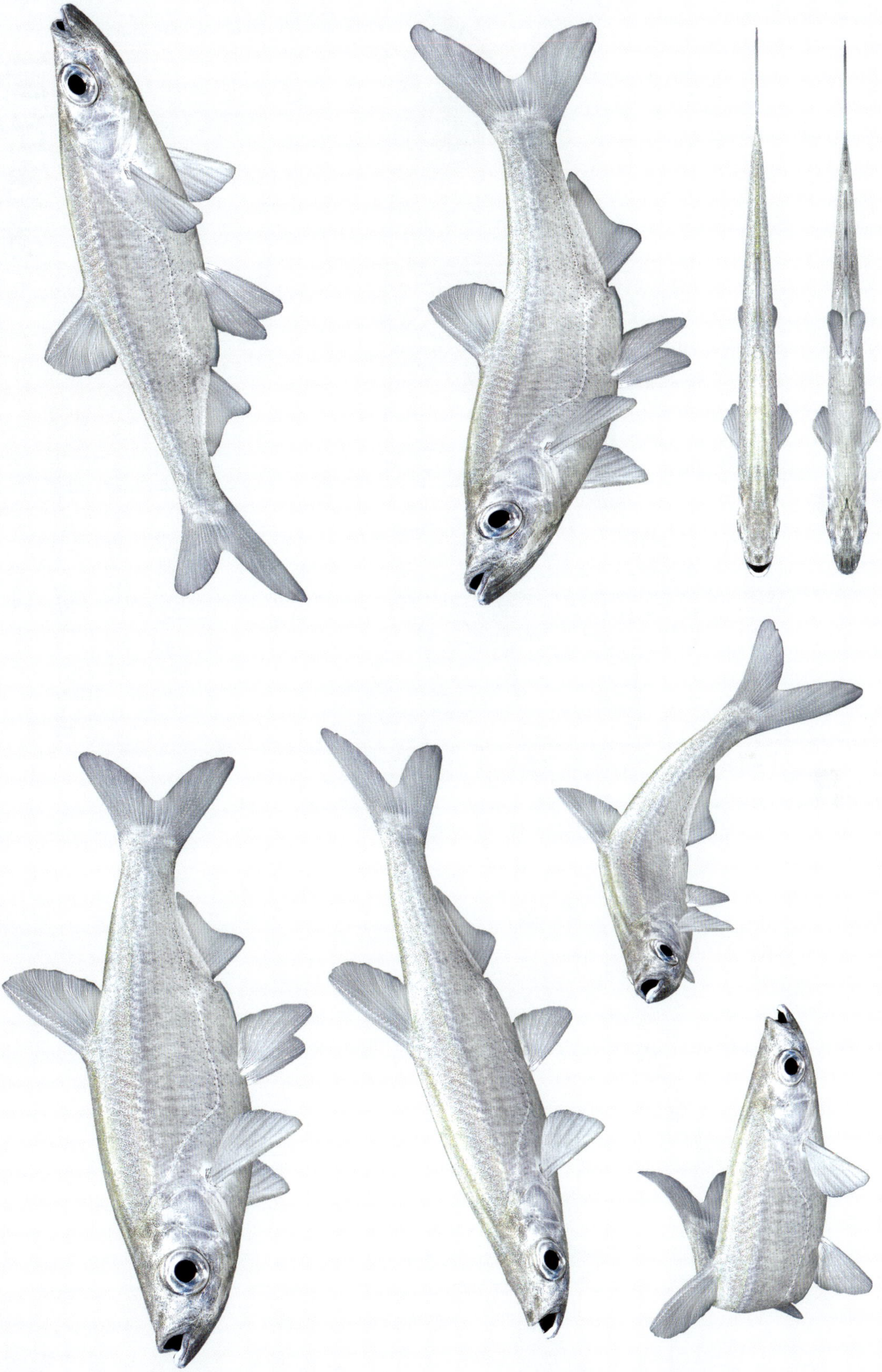

南方拟䱗

学名 *Pseudohemiculter dispar*

分类地位 鲤形目，鲌科，拟䱗属

所属类别 重要捕捞经济鱼类

分布 中国长江及其以南各水系

伍氏半䱗

学名 *Hemiculterella wui*

分类地位 鲤形目，鲌科，半䱗属

所属类别 重要捕捞经济鱼类

分布 中国珠江水系及浙江等地

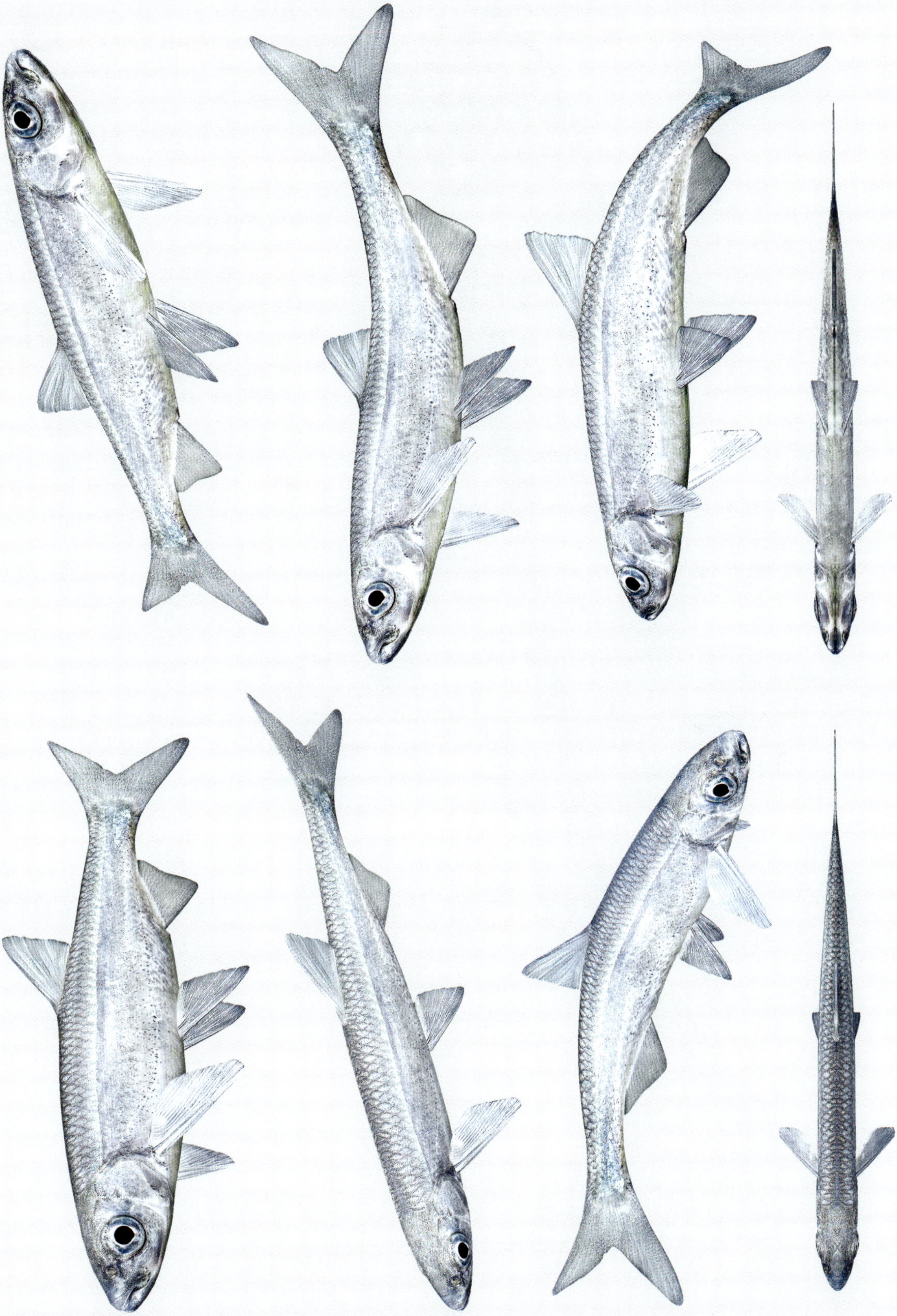

海南华鳊

学名 *Sinibrama melrosei*

分类地位 鲤形目，鲴科，华鳊属

所属类别 重要捕捞经济鱼类

分布 中国珠江、韩江及海南省各水系

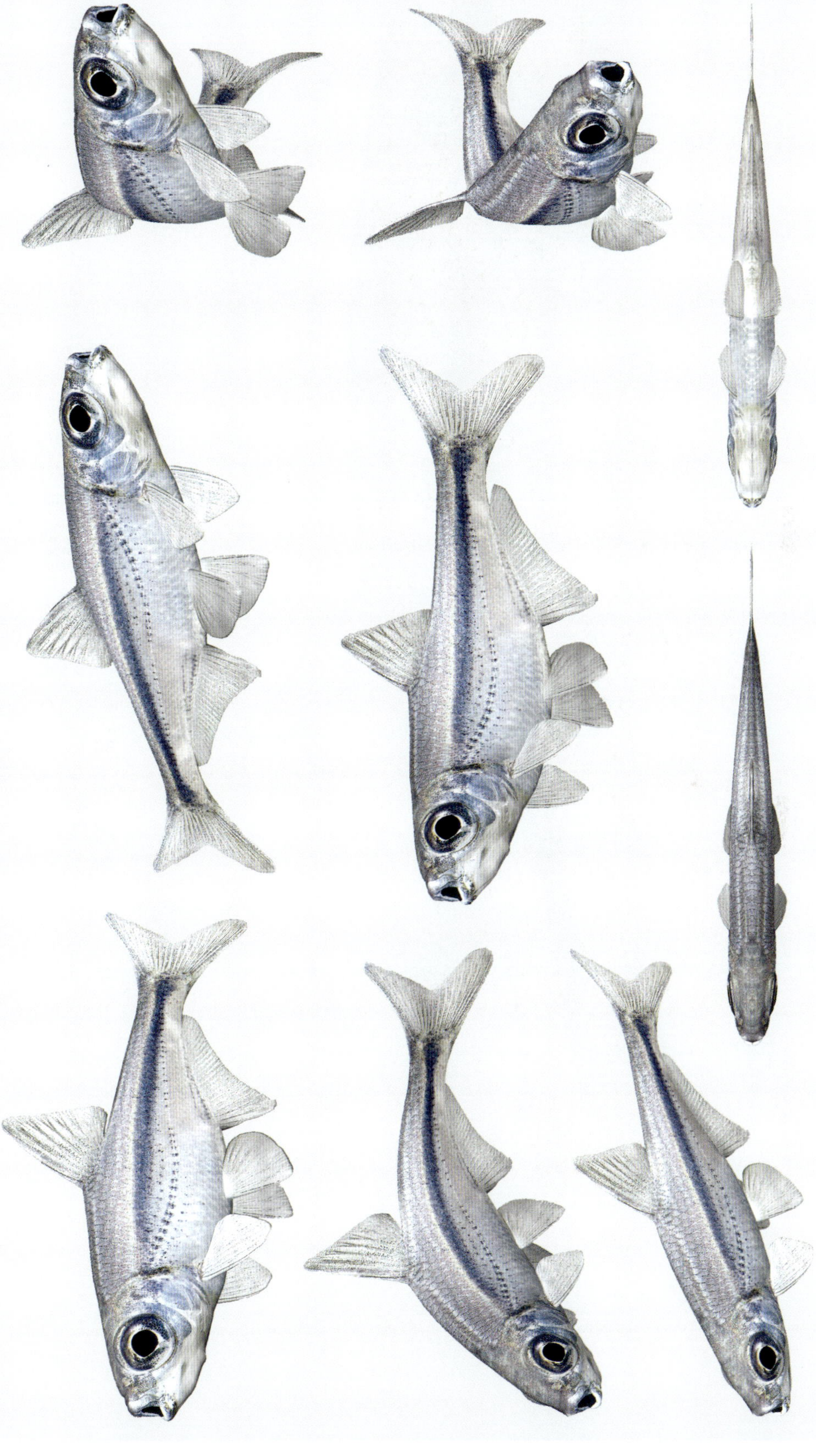

台湾梅氏鳊

学名 *Metzia formosae*

分类地位 鲤形目，鲴科，梅氏鳊属

所属类别 重要捕捞经济鱼类

分布 中国台湾、广东、广西、福建、海南

线纹梅氏鳊

学名 *Metzia lineatus*

分类地位 鲤形目，鲴科，梅氏鳊属

所属类别 重要捕捞经济鱼类

分布 中国海南及珠江、闽江等水系

西藏高原鳅

学名 *Triplophysa tibetana*

分类地位 鲤形目，条鳅科，高原鳅属

所属类别 重要捕捞经济鱼类

分布 中国西藏雅鲁藏布江水系、狮泉河、玛旁雍错、莫特里湖、朋曲河（包括定结南湖和嘎罗维金玛湖）

斑鳜

学名 *Siniperca scherzeri*

分类地位 日鲈目，鳜科，鳜属

所属类别 重要捕捞经济鱼类

分布 中国长江、珠江、闽江、黄河、海河、辽河等水系；国外见于韩国、越南等国淡水水体

斑鳜

（鸭绿江）

学名 *Siniperca scherzeri*

分类地位 日鲈目，鳜科，鳜属

所属类别 重要捕捞经济鱼类

分布 中国长江、珠江、闽江、黄河、海河、辽河等水系；国外见于韩国、越南等国淡水水体

攀鲈

学名 *Anabas testudineus*

分类地位 攀鲈目，攀鲈科，攀鲈属

所属类别 重要捕捞经济鱼类

分布 中国香港、澳门、台湾、广东、广西、云南、福建；国外见于南亚和东南亚的各大流域

纵带鮠

学名 *Tachysurus argentivittatus*

分类地位 鲇形目，鲿科，拟鲿属

所属类别 重要捕捞经济鱼类

分布 中国黑龙江至海南各水系

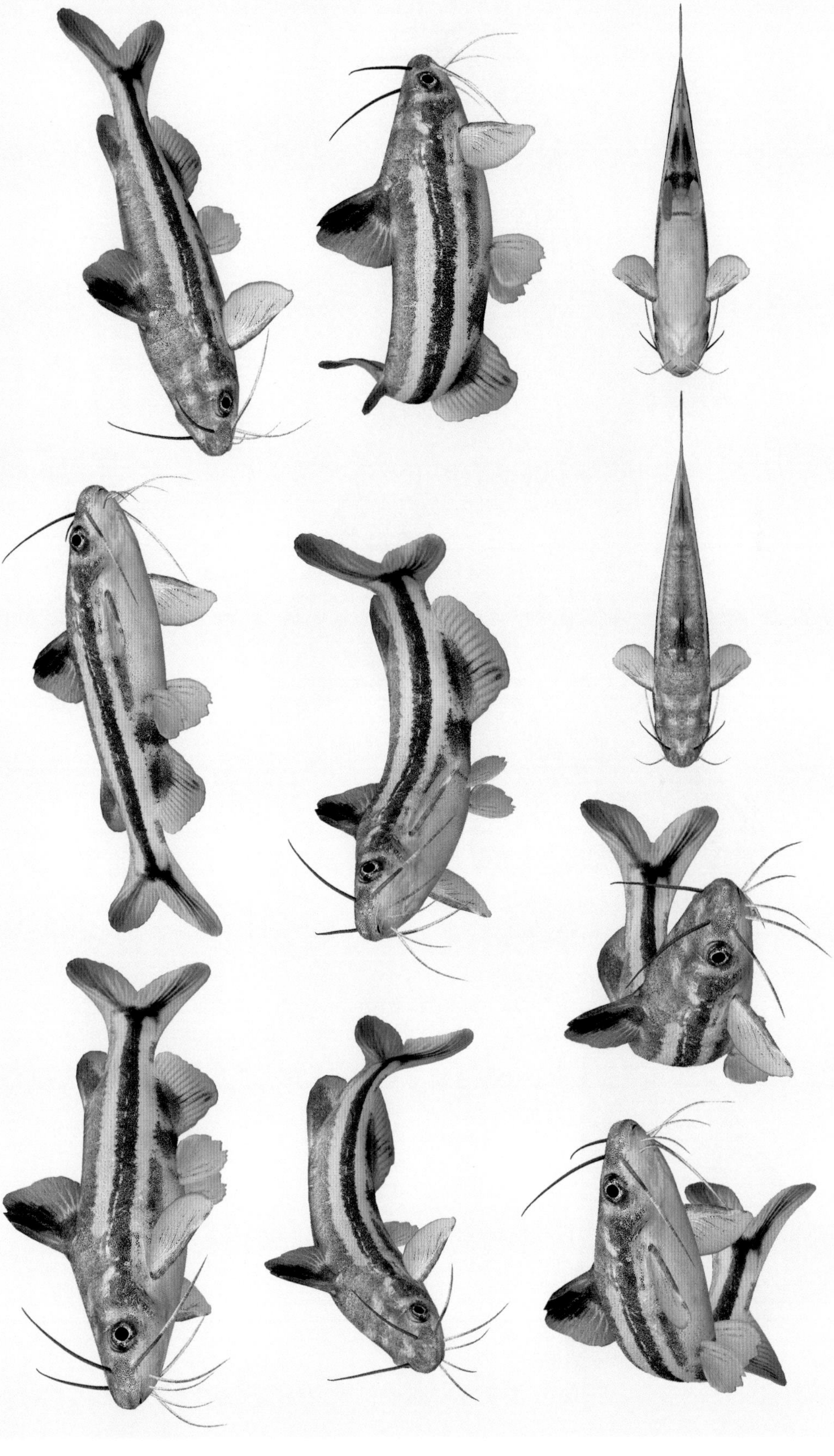

粗唇鮠

学名 *Tachysurus crassilabris*

分类地位 鲇形目，鲿科，拟鲿属

所属类别 重要捕捞经济鱼类

分布 中国长江、珠江、闽江等水系

中间黄颡鱼

学名 *Tachysurus intermedius*

分类地位 鲇形目，鲿科，拟鲿属

所属类别 重要捕捞经济鱼类

分布 中国珠江、红河及海南岛

07

七　小型原生鱼类

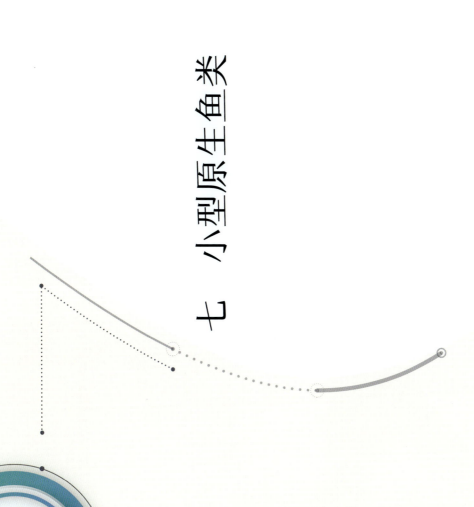

短须鱊

学名 *Acheilognathus barbatulus*

分类地位 鲤形目，鱊科，鱊属

所属类别 小型原生鱼类

分布 中国黄河、长江、珠江和澜沧江等水系；国外见于老挝和越南

彩鱊

学名 *Acheilognathus imberbis*

分类地位 鲤形目，鱊科，鱊属

所属类别 小型原生鱼类

分布 中国海河到珠江各水系

齐氏副田中鳑

学名 *Paratanakia chii*

分类地位 鲤形目，鳑科，副田中鳑属

所属类别 小型原生鱼类

分布 中国长江以南各大流域

刺鳍鳑鲏

学名 *Rhodeus spinalis*

分类地位 鲤形目，鱊科，鳑鲏属

所属类别 小型原生鱼类

分布 中国珠江、元江等水系及海南岛

兴氏南鳅

学名 *Schistura hingi*

分类地位 鲤形目，条鳅科，南鳅属

所属类别 小型原生鱼类

分布 中国珠江流域

无斑南鳅

学名 *Schistura incerta*

分类地位 鲤形目，条鳅科，南鳅属

所属类别 小型原生鱼类

分布 中国珠江流域

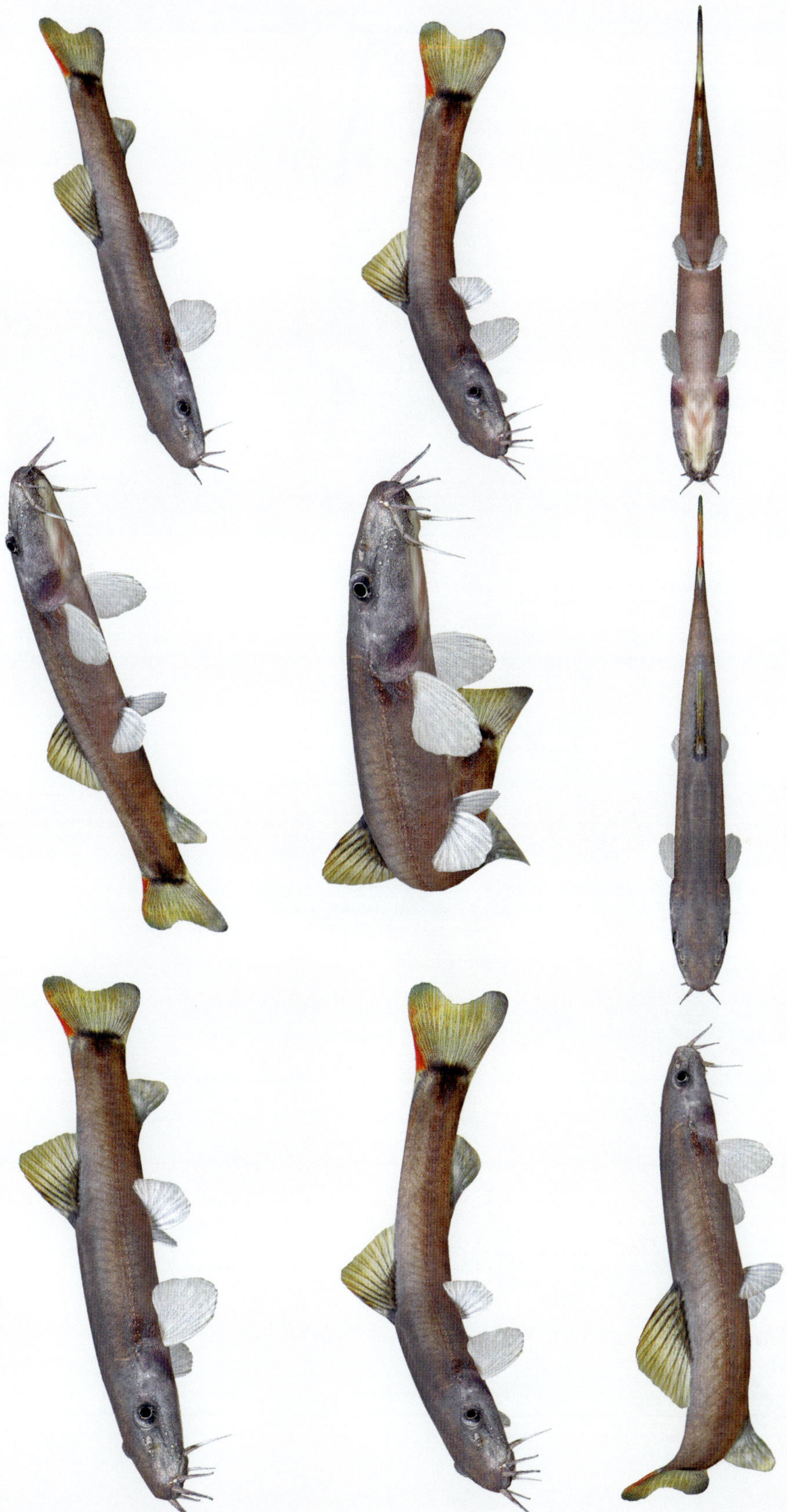

美丽华沙鳅

学名 *Sinibotia pulchra*

分类地位 鲤形目，沙鳅科，华沙鳅属

所属类别 小型原生鱼类

分布 中国珠江水系

壮体华沙鳅

学名 *Sinibotia robusta*

分类地位 鲤形目，沙鳅科，华沙鳅属

所属类别 小型原生鱼类

分布 中国珠江水系的红水河、柳江、桂江、左江、右江等河流

西昌华吸鳅

学名 *Sinogastromyzon sichangensis*

分类地位 鲤形目，爬鳅科，华吸鳅属

所属类别 小型原生鱼类

分布 中国四川、重庆、贵州、云南、湖北

四川华吸鳅

学名 *Sinogastromyzon szechuanensis*

分类地位 鲤形目，爬鳅科，华吸鳅属

所属类别 小型原生鱼类

分布 中国长江上游及其各支流

越南华吸鳅

学名 *Sinogastromyzon tonkinensis*

分类地位 鲤形目，爬鳅科，华吸鳅属

所属类别 小型原生鱼类

分布 中国元江水系；国外分布于越南

伍氏华吸鳅

学名 *Sinogastromyzon wui*

分类地位 鲤形目，爬鳅科，华吸鳅属

所属类别 小型原生鱼类

分布 中国珠江流域

大鳍间吸鳅

学名 *Hemimyzon macroptera*

分类地位 鲤形目，爬鳅科，间吸鳅属

所属类别 小型原生鱼类

分布 中国云南南盘江

窑滩间吸鳅

学名 *Hemimyzon yaotanensis*

分类地位 鲤形目，爬鳅科，间吸鳅属

所属类别 小型原生鱼类

分布 中国长江上游及岷江水系

峨眉后平鳅

学名 *Metahomaloptera omeiensis*

分类地位 鲤形目，爬鳅科，后平鳅属

所属类别 小型原生鱼类

分布 中国长江上游干支流

爬岩鳅

（海南爬岩鳅）

学名 *Beaufortia leveretti*

分类地位 鲤形目，腹吸鳅科，爬岩鳅属

所属类别 小型原生鱼类

分布 中国海南岛各水系

四川爬岩鳅

学名 *Beaufortia szechuanensis*

分类地位 鲤形目，腹吸鳅科，爬岩鳅属

所属类别 小型原生鱼类

分布 中国长江干流、岷江、乌江、大宁河和雅砻江下游

条纹小鲃

学名 *Barbodes semifasciolatus*

分类地位 鲤形目，鲤科，小鲃属

所属类别 小型原生鱼类

分布 中国珠江流域及台湾西部

白腹唐鱼

学名 *Tanichthys albiventris*

分类地位 鲤形目，鲤科，唐鱼属

所属类别 小型原生鱼类

分布 中国广西

点纹银鮈

学名 *Squalidus wolterstorffi*

分类地位 鲤形目，鮈科，银鮈属

所属类别 小型原生鱼类

分布 中国长江、黄河、珠江、闽江、富春江等水系

中华细鲫

学名 *Aphyocypris chinensis*

分类地位 鲤形目，鲌科，细鲫属

所属类别 小型原生鱼类

分布 国内分布广泛；国外见于日本、朝鲜半岛、俄罗斯

穗缘异齿鰋

学名 *Oreoglanis setigera*

分类地位 鲤形目，鲱科，异齿鰋属

所属类别 小型原生鱼类

分布 中国澜沧江流域

平吻褶鮡

学名 *Pseudecheneis paviei*

分类地位 鲇形目，鮡科，褶鮡属

所属类别 小型原生鱼类

分布 中国元江中下游江段及其支流；国外分布于越南

叉尾斗鱼

学名 *Macropodus opercularis*

分类地位 攀鲈目，丝足鲈科，斗鱼属

所属类别 小型原生鱼类

分布 中国长江水系及以南

中华青鳉

学名 *Oryzias sinensis*

分类地位 颌针鱼目，怪颌鳉科，青鳉属

所属类别 小型原生鱼类

分布 中国辽河、滦河、黄河、淮河、长江、钱塘江、闽江、珠江等水系；国外见于朝鲜、韩国、老挝、缅甸、泰国

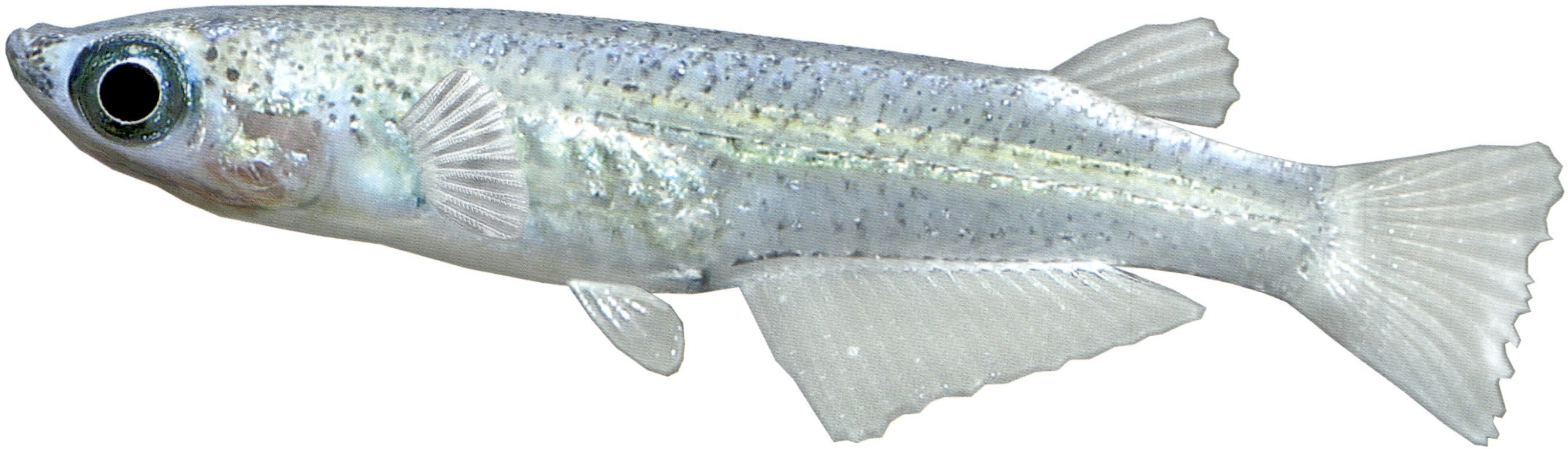

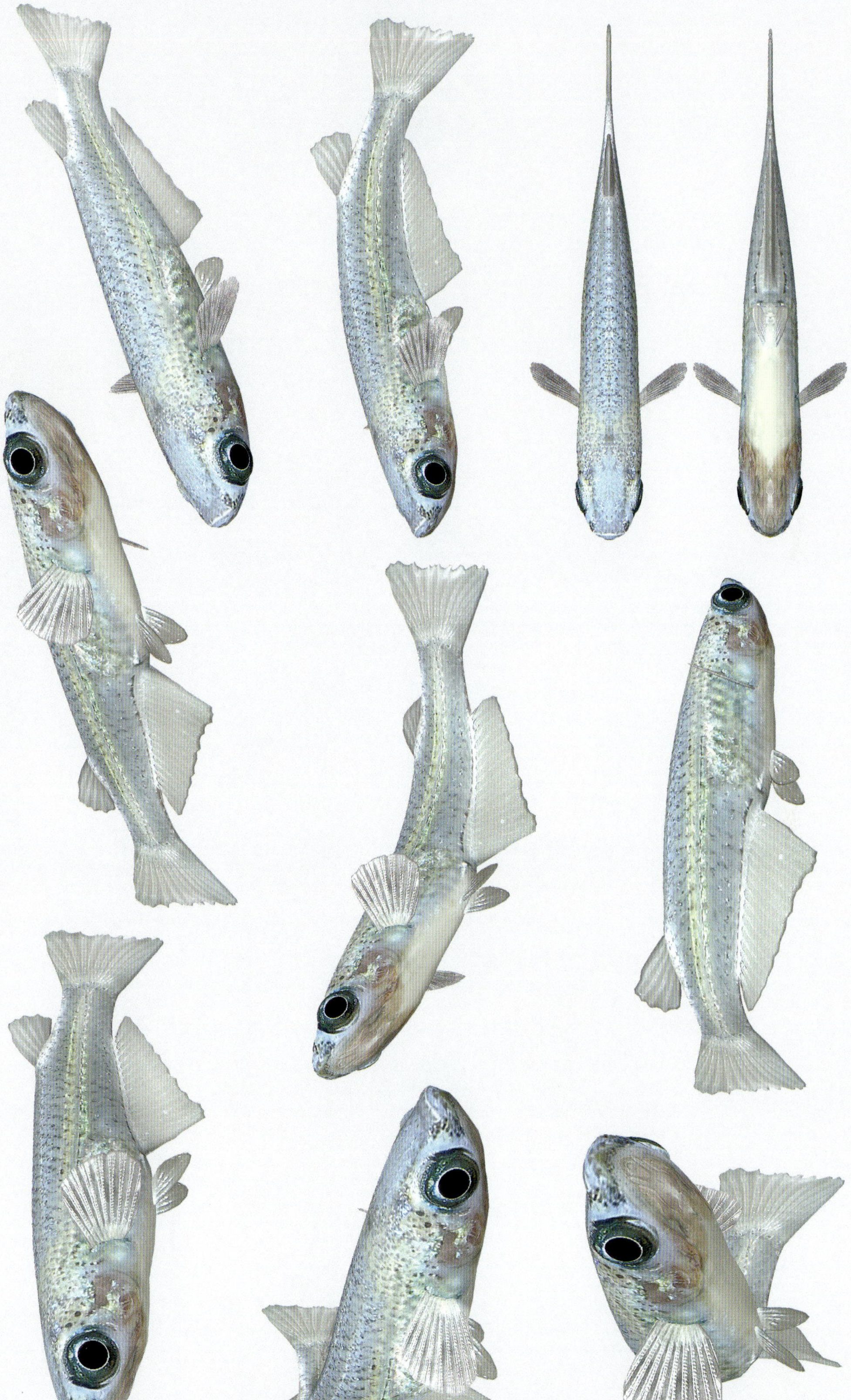

青鳉

学名 *Oryzias latipes*

分类地位 颌针鱼目，怪颌鳉科，青鳉属

所属类别 小型原生鱼类

分布 东亚各大流域

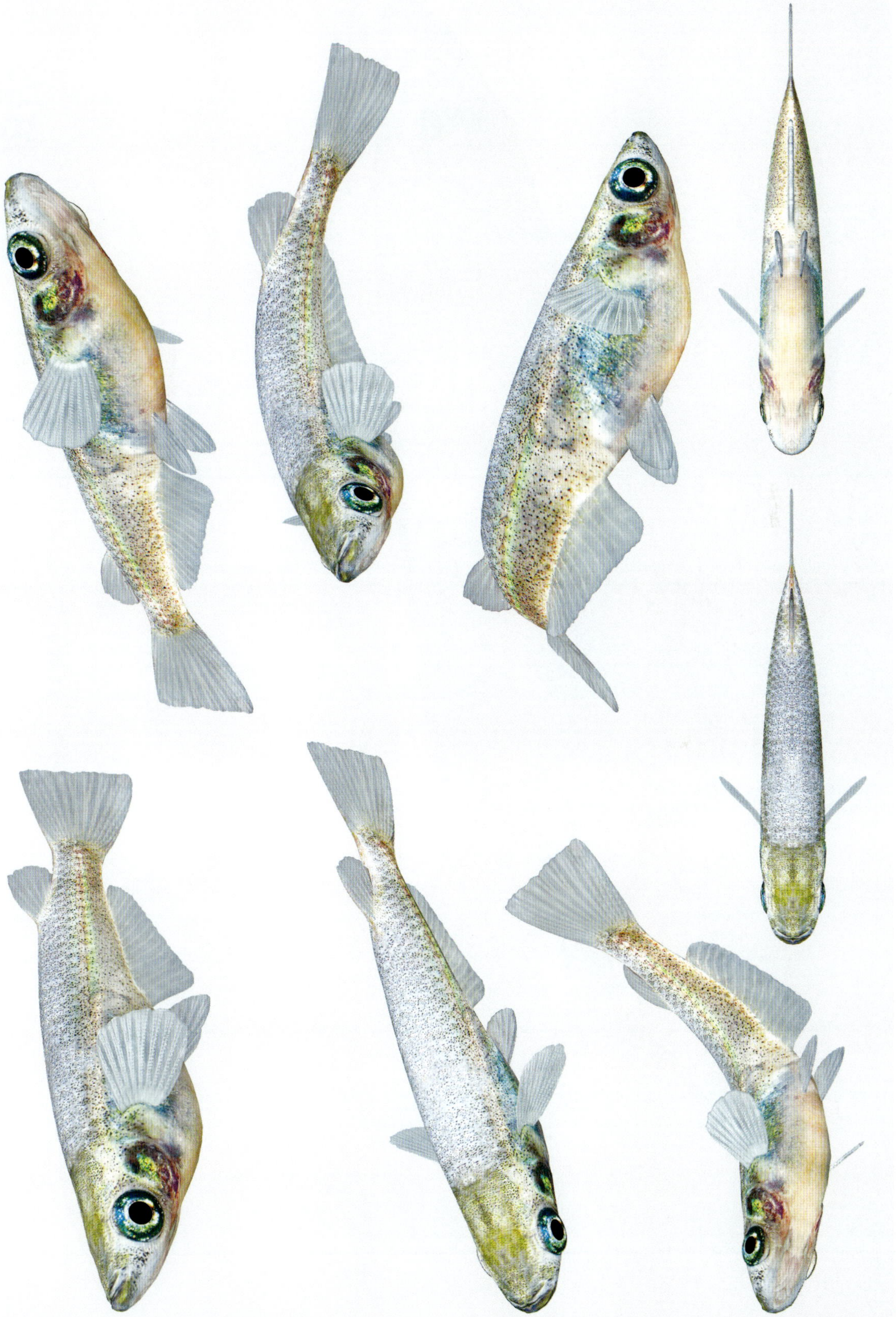

鳍斑青鳉

学名 *Oryzias pectoralis*

分类地位 颌针鱼目，怪颌鳉科，青鳉属

所属类别 小型原生鱼类

分布 中国广东、广西等区域；国外主要见于老挝

弓背青鳉

学名 *Oryzias curvinotus*

分类地位 颌针鱼目，怪颌鳉科，青鳉属

所属类别 小型原生鱼类

分布 中国广东、海南、香港；国外见于越南

萨氏华黝鱼

学名 *Sineleotris saccharae*

分类地位 虾虎鱼目，沙塘鳢科，华黝鱼属

所属类别 小型原生鱼类

分布 中国韩江、龙津河、东江、漠阳江等水系

阿部鲻虾虎鱼

学名 *Mugilogobius abei*

分类地位 虾虎鱼目，背眼虾虎鱼科，鲻虾虎鱼属

所属类别 小型原生鱼类

分布 中国沿海地区；国外见于日本、朝鲜半岛

黏皮鲻虾虎鱼

学名 *Mugilogobius myxodermus*

分类地位 虾虎鱼目，背眼虾虎鱼科，鲻虾虎鱼属

所属类别 小型原生鱼类

分布 中国南方各大流域

周氏吻虾虎鱼

学名 *Rhinogobius zhoui*

分类地位 虾虎鱼目，背眼虾虎鱼科，吻虾虎鱼属

所属类别 小型原生鱼类

分布 中国广东海丰县莲花山的溪流中

08

八　河口及海洋鱼类

花鰶

学名 *Clupanodon thrissa*

分类地位 鲱形目，真鰶科，鰶属

所属类别 河口及海洋鱼类

分布 中国沿海地区，南起海南，北至福建，可进入珠江的咸淡水中；国外见于菲律宾、泰国、越南

青鳞小沙丁鱼

学名 *Sardinella zunasi*

分类地位 鲱形目，真鲦科，小沙丁鱼属

所属类别 河口及海洋鱼类

分布 中国黄海、渤海及东南沿海；国外见于日本、韩国、朝鲜、菲律宾

鳀

学名 *Engraulis japonicus*

分类地位 鲱形目，鳀科，鳀属

所属类别 河口及海洋鱼类

分布 中国渤海、黄海、东海；国外见于日本海

赤鼻棱鳀

学名 *Thryssa kammalensis*

分类地位 鲱形目，鳀科，棱鳀属

所属类别 河口及海洋鱼类

分布 中国近海；国外见于马来西亚、菲律宾、印度尼西亚、斯里兰卡、印度等

七丝鲚

学名 *Coilia grayii*

分类地位 鲱形目，鳀科，鲚属

所属类别 河口及海洋鱼类

分布 中国福建、广东等地区；国外见于菲律宾

凤鲚

学名 *Coilia mystus*

分类地位 鲱形目，鳀科，鲚属

所属类别 河口及海洋鱼类

分布 中国渤海、黄海、东海和南海；国外见于韩国、朝鲜、越南和日本

鞍带石斑鱼

（龙趸）

学名 *Epinephelus lanceolatus*

分类地位 鲈形目，鮨科，石斑鱼属

所属类别 河口及海洋鱼类

分布 太平洋和印度洋的热带及亚热带海区，包括中国的南海和东海

横纹九棘鲈

学名 *Cephalopholis boenak*

分类地位 鲈形目，鮨科，九棘鲈属

所属类别 河口及海洋鱼类

分布 印度洋至西太平洋的亚热带海域，包括中国台湾北部、东北部及澎湖海域

黑棘鲷

学名 *Acanthopagrus schlegelii*

分类地位 鲈形目，鲷科，黑棘鲷属

所属类别 河口及海洋鱼类

分布 西太平洋区，包括中国、日本、韩国、朝鲜、俄罗斯及越南沿海

须鳗虾虎鱼

学名 *Taenioides cirratus*

分类地位 虾虎鱼目，虾虎鱼科，鳗虾虎鱼属

所属类别 河口及海洋鱼类

分布 在沿海分布于中国南海、东海沿岸及台湾海峡，也可进入内陆淡水水体，包括安徽、江苏、山东等地；国外见于日本、朝鲜、澳大利亚及印度洋北部

虻鲉

学名 *Erisphex pottii*

分类地位 鲉形目，绒皮鲉科，虻鲉属

所属类别 河口及海洋鱼类

分布 中国沿海地区；国外见于朝鲜、日本

毛鳞鱼

（多春鱼）

学名 *Mallotus villosus*

分类地位 胡瓜鱼目，胡瓜鱼科，胡瓜鱼属

所属类别 河口及海洋鱼类

分布 北大西洋、西北太平洋，中国黑龙江、图们江

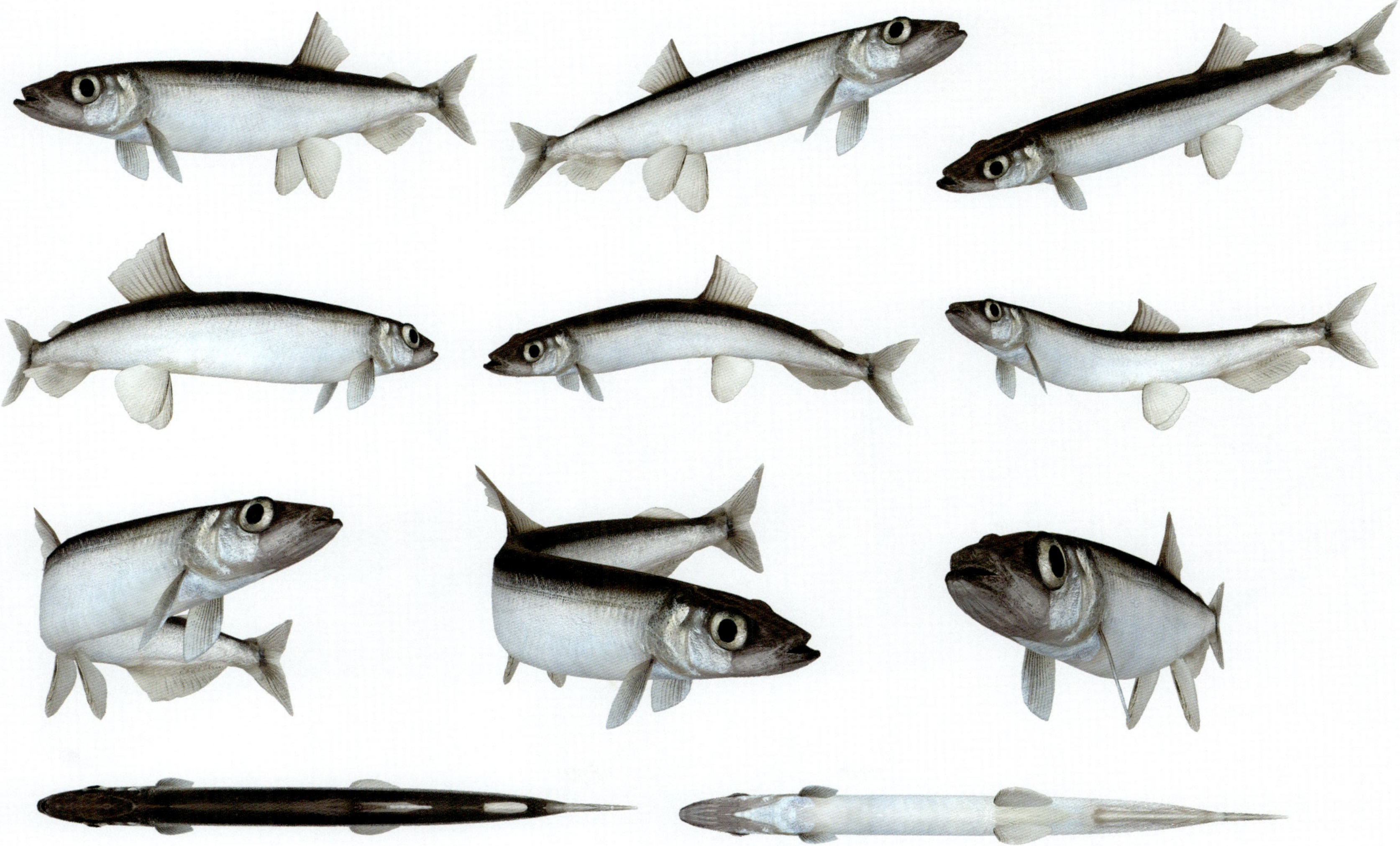

双斑东方鲀

学名 *Takifugu bimaculatus*

分类地位 鲀形目，鲀科，东方鲀属

所属类别 河口及海洋鱼类

分布 中国南海、东海和黄海南部

弓斑东方鲀

学名 *Takifugu ocellatus*

分类地位 鲀形目，鲀科，东方鲀属

所属类别 河口及海洋鱼类

分布 中国南海、东海、黄海以及与此相连的珠江、九龙江、长江等河口和中下游淡水水域；国外见于日本、韩国、朝鲜、菲律宾和越南

海鳗

学名 *Muraenesox cinereus*

分类地位 鳗鲡目，海鳗科，海鳗属

所属类别 河口及海洋鱼类

分布 印度洋至西太平洋，中国各海区均有分布

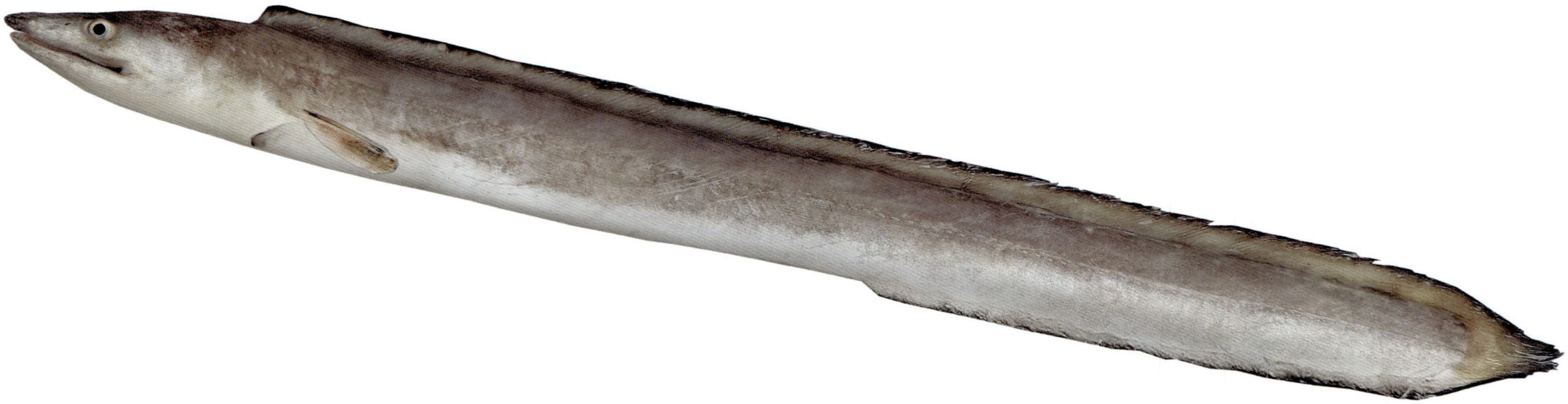

前肛鳗

学名 *Dysomma anguillaris*

分类地位 鳗鲡目，前肛鳗科，前肛鳗属

所属类别 河口及海洋鱼类

分布 分布于印度洋和太平洋西部，中国产于南海和东海南部

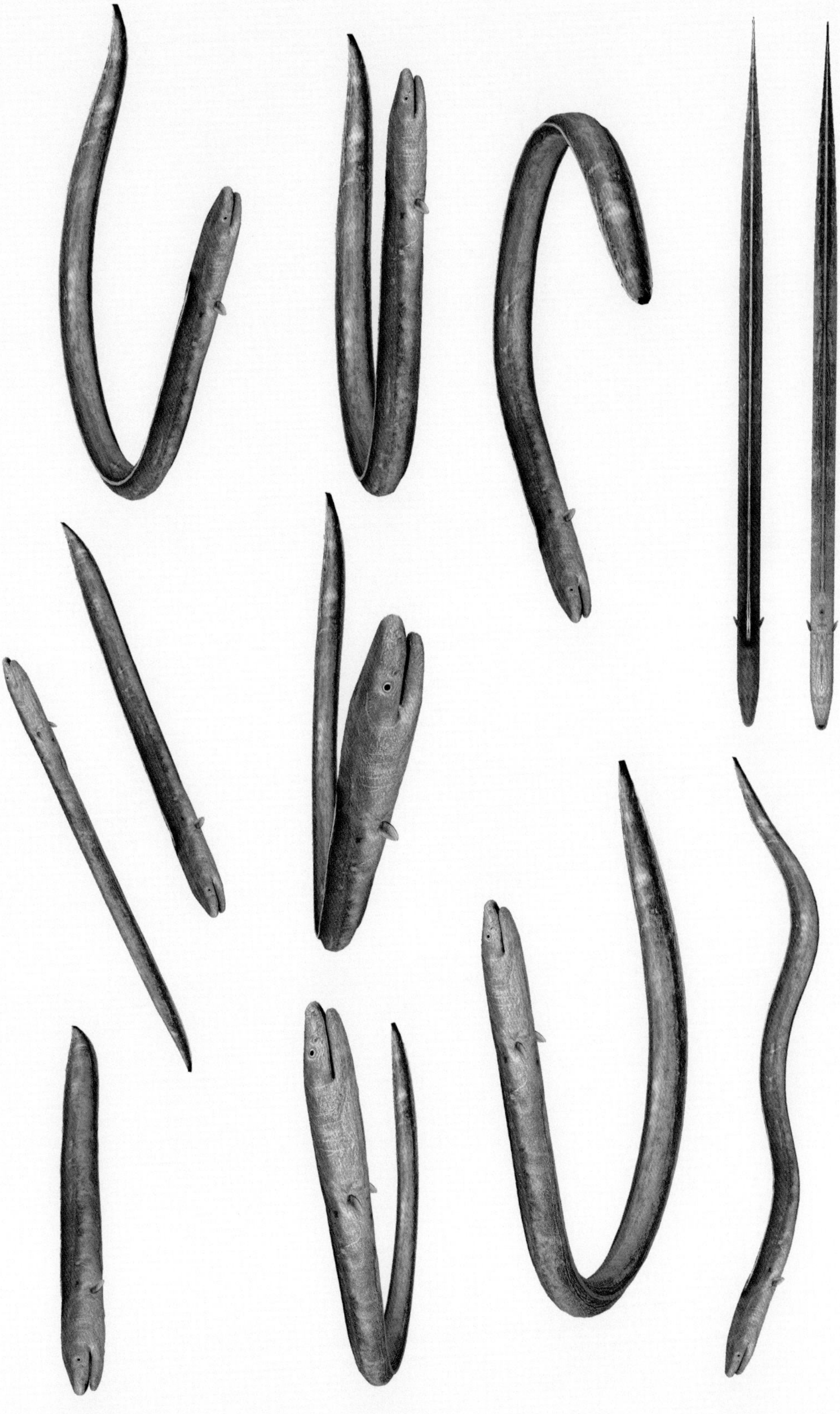

09

九　淡水水生哺乳动物

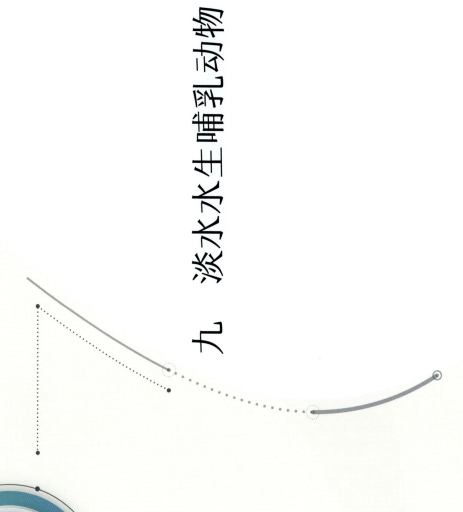

长江江豚

学名 *Neophocaena asiaeorientalis*

分类地位 鲸目，鼠海豚科，江豚属

所属类别 淡水水生哺乳动物

分布 中国长江中下游干流，以及洞庭湖和鄱阳湖等水域

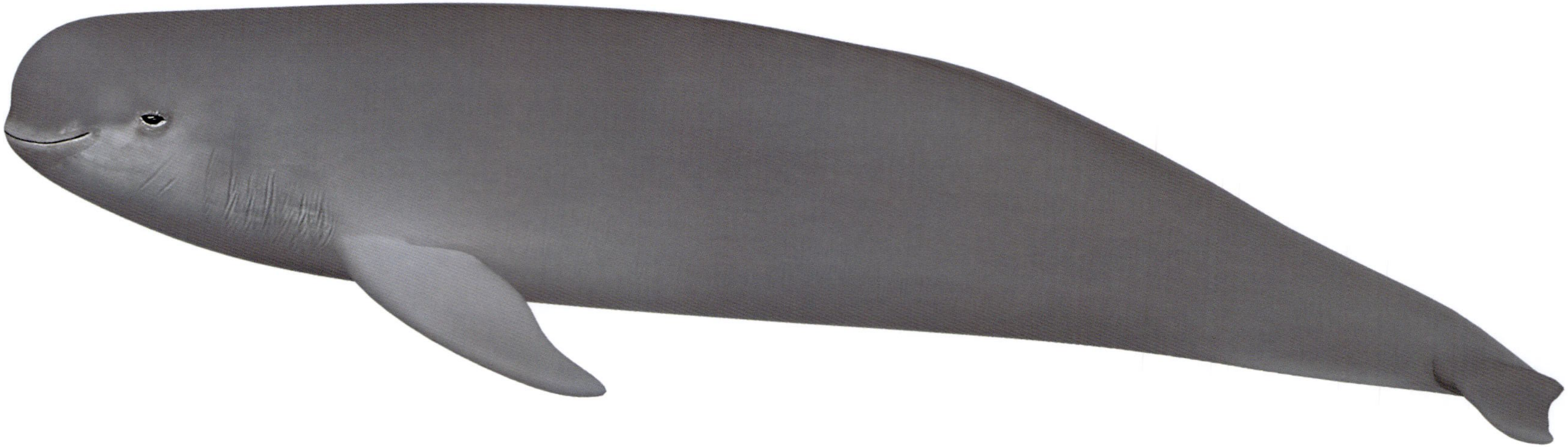

白鱀豚

学名 *Lipotes vexillifer*

分类地位 鲸目，淡水豚科，白鱀豚属

所属类别 淡水水生哺乳动物

分布 中国长江中下游干流，以及洞庭湖、鄱阳湖和钱塘江口一带

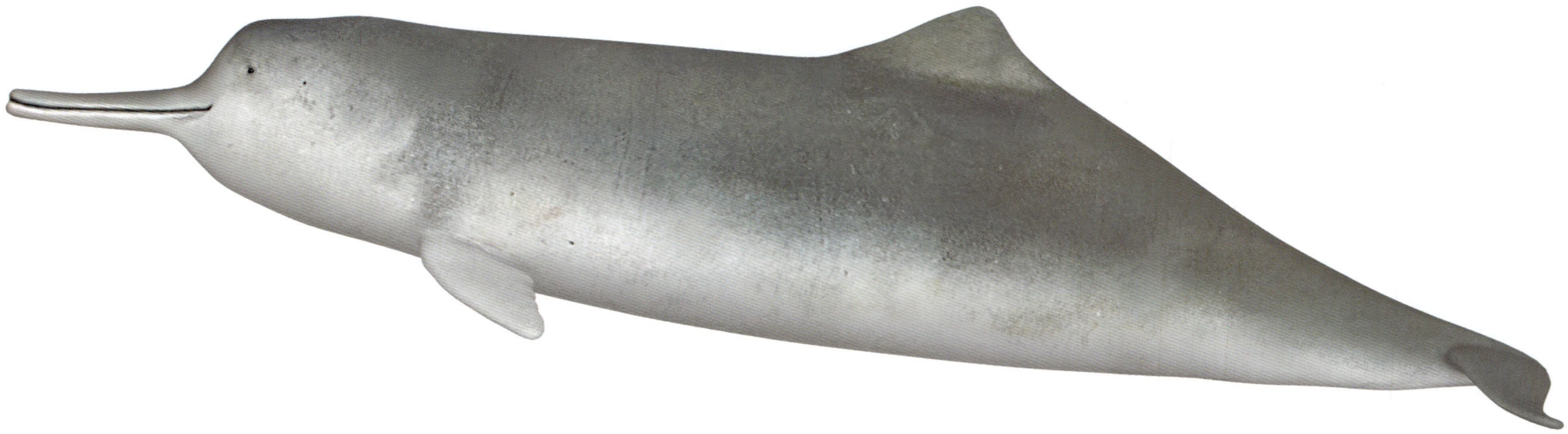

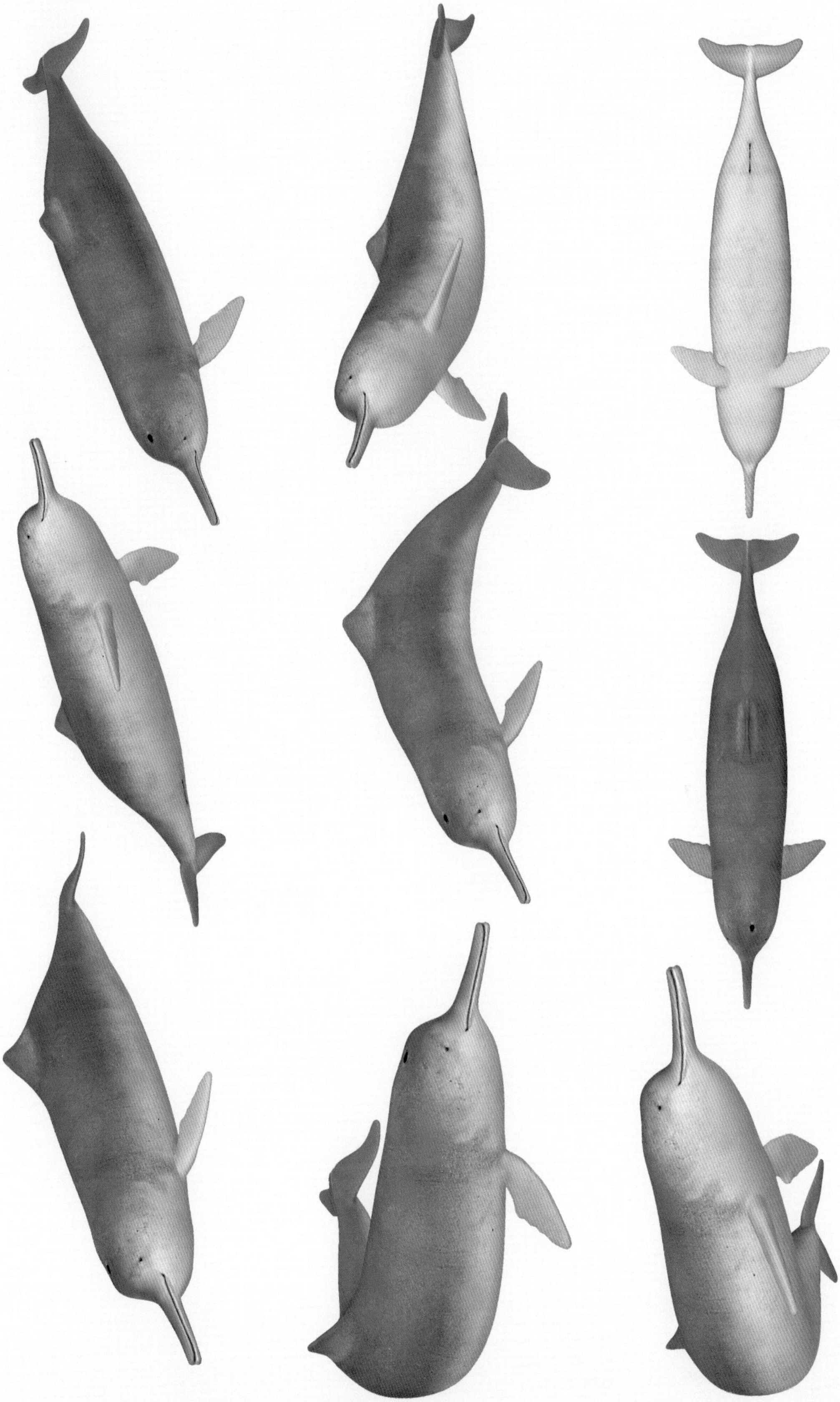

图书在版编目（CIP）数据

水生生物3D图鉴. 第二辑 / 顾党恩，沈禹羲主编. 北京：中国农业出版社，2024. 11. -- （水生生物3D图鉴系列丛书）. -- ISBN 978-7-109-32682-8

Ⅰ. Q17-64

中国国家版本馆CIP数据核字第2024JB6656号

中国农业出版社出版

地址：北京市朝阳区麦子店街18号楼

邮编：100125

责任编辑：王金环　蔺雅婷

版式设计：小荷博睿　　责任校对：吴丽婷

印刷：北京中科印刷有限公司

版次：2024年11月第1版

印次：2024年11月北京第1次印刷

发行：新华书店北京发行所

开本：787mm × 1092mm　1/16

印张：19

字数：360千字

定价：198.00元